地学・資源・エネルギーの

難しいことはわかりませんが、日本の未来が明るくなるニュースを教えてください

す　話

ひつじさん
YouTuber

KADOKAWA

はじめに

皆さんはここ数十年の日本のニュースにうんざりしていませんか。僕はバブル崩壊後の平成生まれですが、生まれてから**ずっと暗いニュースばかり見てきました**。テレビや新聞から入る情報は後ろ向きな情報が多く、「不景気」とか「人口減少」「衰退」などネガティブなワードばかりでした。正直、**ニュースを見るのも嫌になっていました**。

しかし、実際に自分で情報を調べてみると、日本の排他的経済水域（EEZ）内で大量の海底資源が見つかっていたり、さまざまな分野で日本メーカーが圧倒的なシェアを誇り世界のトップを維持していたり、小惑星探査が得意で世界トップの技術力を誇っていたりと、**他国に誇れる分野がたくさんあることがわかりました**。

そして、特に勇気づけられた内容が**西之島**です。

西之島は小笠原諸島の父島から西130㎞にある絶海の孤島です。1973年まで面積が0.07㎢しかない小島でしたが、1973年と2013年に噴火し、現在では島が何十倍もの面積になっています。そして、2013年に発生した噴火は現在でも継続しています。

しかし、このような**明るいニュースはどのメディアでも報道されていませんでした**。メディアを見ても暗いニュースばかりだから、「等身大の」日本の明るいニュースがあれば必ず視聴者に需要がある。そして、**見ている方を元気づけられる**との思いからYouTubeで配信を開始し、ありがたいことに多くの方に喜んでもらえました。

この書籍は僕の集大成とも言える本です（好評でしたら続編も作る予定です）。これまでのYouTube動画の中で特に人気の高いものを写真付きでまとめて解説し、さらに最新情報も付け加えています。実態以上に日本を賞賛するのではなく、**等身大の日本の良さを満遍なく楽しめる内容**になっています。

たくさんの方に読んでいただけるよう、なるべくわかりやすくしています！ ぜひ最後までお楽しみください！

地学編

はじめに…002

Chapter 1
日本の国土を拡大する島「西之島」の話
009

西之島ってどんな島？…010
- 現在進行形で噴火が続く「西之島」とは…011
- 西之島の噴火の歴史を見てみよう
  1973年の噴火…012
- 2013年の噴火…013
- 2017年の噴火…025
- 2018年・2019年の噴火…026
- 2021年以降は小規模な噴火…033

西之島が「大陸の始まり」と呼ばれる理由…038
- 世界中から注目されるのにはわけがあった…040
- 環境省の調査でわかった驚くべき生態系…040

Chapter 2
世界最速で国土を拡大する「硫黄島」の話
043

- 小笠原諸島に浮かぶ「硫黄島」の本当の姿…044
- 写真で見ると拡大する島の様子が一目瞭然！…046
- 硫黄島は将来、どこまで国土を拡大するのか…050

Chapter 3
まだまだある!「第2の西之島候補」の話
051

- 噴火が頻発している「福徳岡ノ場」…052
- 観測船を巻き込む大噴火「明神礁」…058
- 今後の火山活動に期待！「海徳海山」…060

Chapter 4
日本は世界6位の海洋大国。
さらに広がる海の話
063

- 日本の国土は本当に「小さい」のか …064
- 排他的経済水域がさらに広がった！ …066

Chapter 5
沖ノ鳥島が陸地化する！
「サンゴ増殖プロジェクト」の話
069

- 日本最南端に浮かぶ孤島「沖ノ鳥島」…070
- この島で進む「サンゴ増殖プロジェクト」とは …070

資源編

Chapter 6
日本近海に眠る巨大油田
「第7鉱区」の話
073

- 天然ガスがサウジアラビアの10倍！
日本に眠る巨大油田 …074
- 未来のカギを握る
第7鉱区をすぐに開発しないわけ …075

Chapter 7
日本どころか世界を変える「南鳥島レアアース泥」の話
077

- 中国一強はもう終わり。南鳥島レアアース泥… 078
- 南鳥島レアアース泥が「すごすぎる」5つの理由 … 081
  1 濃度を上げやすい
  2 探すのも採るのも簡単
  3 トリウムやウランなどの放射性元素を含まない
  4 重レアアースを多量に含む
  5 重レアアースとスカンジウムが採れる世界唯一の場所
- 急激に進む中国のレアアース開発と日本の現状 … 084

Chapter 8
深海に集中する黄金資源「海底熱水鉱床」の話
085

- 火山大国の恩恵「海底熱水鉱床」とは… 086
  日本に点在する主な熱水鉱床を見てみよう … 088
- 世界で初めて採鉱・揚鉱の試験に成功！商業化への道 … 091

Chapter 9
まだまだある！「日本の海に眠るお宝たち」の話
097

- スマホなどに欠かせない「コバルトリッチクラスト」… 098
- コバルトを大量に含む「マンガンノジュール」… 100
- 莫大なエネルギーの源「メタンハイドレート」… 103

エネルギー編

Chapter 10

CO_2が資源になる!?
「メタネーション技術」の話
109

CO_2と水素からメタンを作る次世代技術…110
メタネーションのメリット…110
メタネーションのデメリット…113
実用化に向けて世界中で導入が進む！…114

Chapter 11

エネルギー自給率300％!?
日本が誇る切り札「地熱」の話
115

火山が多い日本は世界有数の地熱資源大国！…116
小スペースで大量の発電を可能にする「地熱資源」…117
地熱発電のメリット…119
地熱発電のデメリット…121
2030年の導入目標に向けて日本全体が動き出す…122
地熱資源が多い
国立・国定公園内でも開発が可能に！…124
地熱発電の究極系「高温岩体発電とマグマ発電」…126

Chapter 12

人類をエネルギー不足から解放！日本が主導する「核融合発電」の話

127

莫大なエネルギーを獲得できる「核融合発電」… 128

核融合発電の仕組みを知ろう… 129

核融合発電の2つの方式… 130

核融合発電のメリット… 131

核融合発電のデメリット… 133

国際プロジェクト「イーター計画」… 135

日本が主導する世界初の試み「JT-60SA」… 136

まだまだある！ 日本勢の活躍を見てみよう… 137

Chapter 13

エネルギー輸出大国へ！究極の再エネ「宇宙太陽光発電」の話

139

宇宙からエネルギーを得る「宇宙太陽光発電」… 140

宇宙太陽光発電のメリット… 141

宇宙太陽光発電のデメリット… 143

日本と世界の研究の最前線を追う！… 144

実用化に向けて世界に先駆け日本が主導する… 146

おわりに… 148

地学編

Chapter 1

日本の国土を拡大する島「西之島」の話

子羊くん。実は日本には知られていないだけで前向きな話題もたくさんあるって知ってた？

え、どんなニュースがあるの？

例えば、西之島を知っているかい？ 2013年に誕生してから拡大を続け、自然と国土面積を拡大する島なんだ。

知らなかった！ 自然と国土を拡大ってすごいね！ 詳しく教えて！ ひつじさん！

いいよ！ じゃあ詳しく解説していくよ！

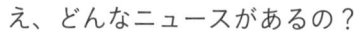

西之島ってどんな島？

西之島は小笠原諸島に浮かぶ絶海の孤島で、東京から南に930㎞、父島の西130㎞に位置する無人島です。面積は2022年10月時点で**約4㎢**。これは**東京ドーム85個分**の大きさに匹敵します。

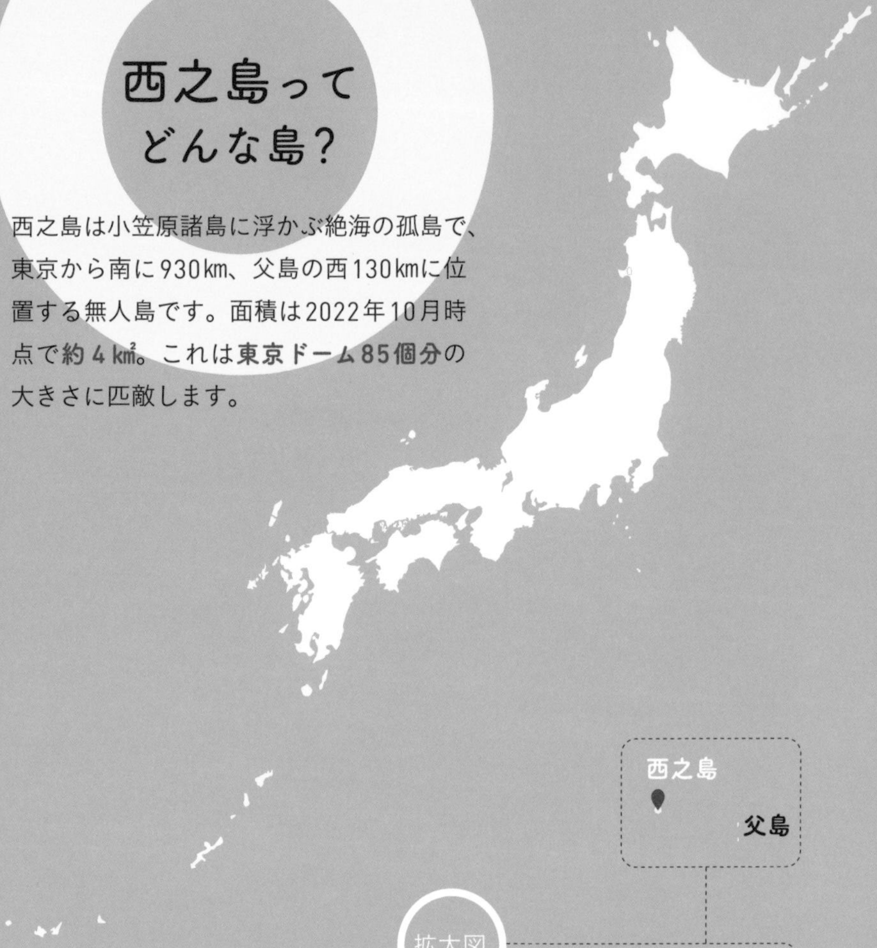

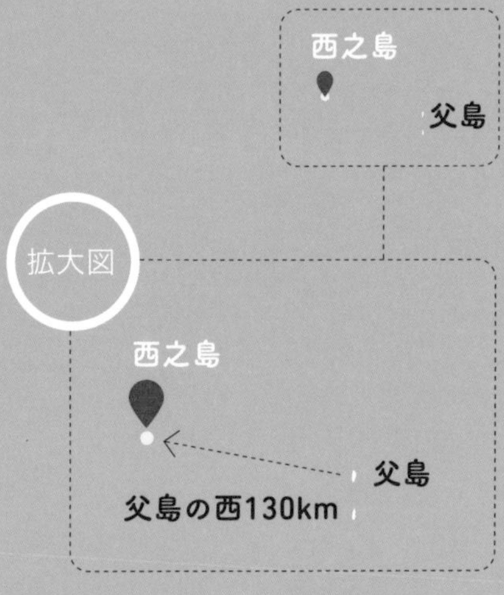

現在進行形で噴火が続く「西之島」とは

深海から顔を出す巨大な海底火山

西之島は小さな島に見えますが、実際には深海からそびえたつ巨大な海底火山で、**高さは3000m以上**、火山の**直径も30km以上**あります。この巨大な火山の山頂が海面上に顔を出しているんですね。

西之島は、元々海面上の面積が東京ドーム2個分にも満たないほどで、0.07㎢しかありませんでした。しかし、1973年と2013年の2回の噴火で現在の大きさにまで成長しました。2013年に発生した噴火は今でも断続的に続いています。

では、次のページより現在も継続する西之島の成長の軌跡を見ていきましょう！

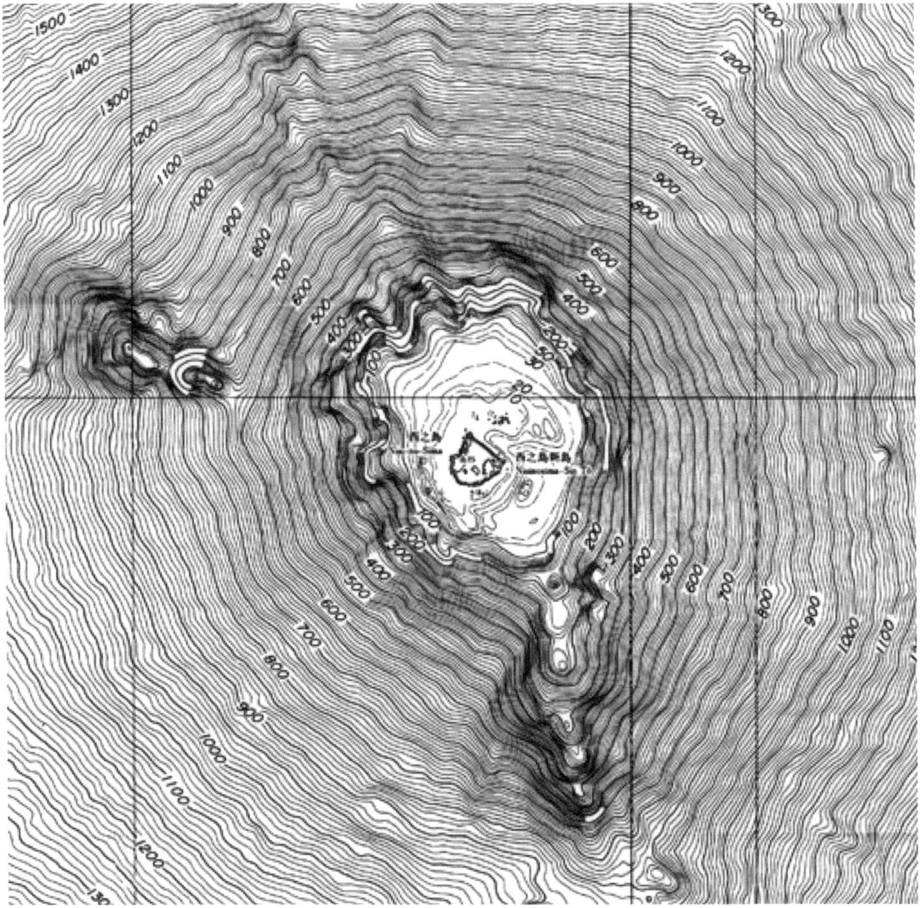

西之島および周辺の海底地形図

出典：中野　俊（2013）詳細火山データ集：西之島火山．日本の火山，産総研地質調査総合センター（https://gbank.gsj.jp/volcano/Act_Vol/nishinoshima/index.html）

西之島の噴火の歴史を見てみよう 1973年の噴火

西之島で初めて噴火を確認

1973年以前の元祖西之島の面積は0.07㎢でした。西之島では元々変色水などがよく見られ、火山活動の激しい地域でした。そして、1973年に初の噴火を観測。左上の写真の右側の海水が変色している地点で噴火を起こします。この1973年の噴火により、島の面積は0.29㎢まで成長しました。

なお、ここでは1973年噴火前の西之島を「元祖西之島」、1973年の噴火で誕生した島を「旧西之島」、2013年の噴火で誕生した島を「西之島」「新島」と呼びます。

1973年5月、噴火前の元祖西之島

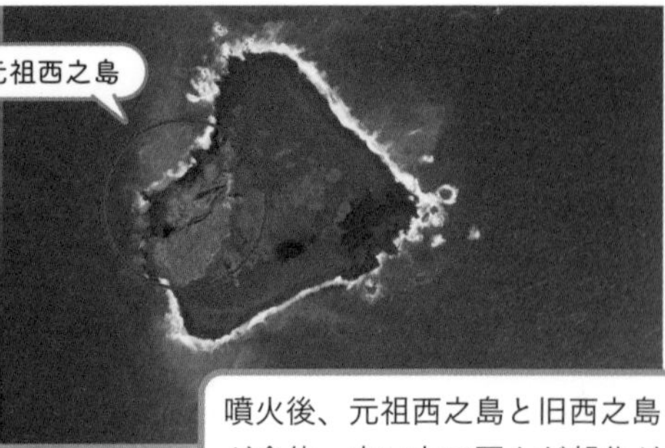
元祖西之島
噴火後、元祖西之島と旧西之島が合体。赤い丸で囲んだ部分が元祖西之島にあたります。このとき島の面積は0.29㎢でした。

1973年9月、海底噴火を確認

出典：海上保安庁ホームページ（https://www1.kaiho.mlit.go.jp/GIJUTSUKOKUSAI/kaiikiDB/kaiyo18-2.htm）

2013年の噴火

2013年11月に2回目の噴火

西之島の噴火の本番はここからです。実は、日本近海では、このような火山の噴火による新島の誕生はたびたび発生しています。しかし、大きく成長する前に波に削られるなどして消滅してしまうことの方が多く、西之島のような急拡大は世界的に見てもとても珍しいことなのです。

2013年11月20日、旧西之島の南東500mの位置で噴火が発生。1973年に続き、有史以来2回目の噴火で長径150m、短径80mの新島が形成されました。

新島は順調に成長を続け、約1カ月後には旧西之島と接岸します。島の形がスヌーピーに似ていたことから「**スヌーピー島**」と言われていました。

新島が誕生！
2013年11月20日、噴火により新島が誕生

2013年12月26日

「スヌーピー島」と言われていた頃の西之島。

出典：海上保安庁ホームページ（https://www1.kaiho.mlit.go.jp/GIJUTSUKOKUSAI/kaiikiDB/kaiyo18-2.htm）

ついに新島と旧島が合体！（2014年１月～２月）

その後も順調に拡大を続け、2014年1月頃からは新島が旧島を飲み込み始めました。上の写真の右側の島が新島です。島の周囲には非常に色の濃い変色水域が確認できます。

変色水は火山ガスを含んだ海水のことで、**色が濃いほど火山活動が活発です。**変色水は火山活動が平穏なときには白色系、活発なときには褐色系に変化することが知られています。

2014年2月になると新島はさらに拡大し、旧島よりもサイズが大きくなっていました。旧島の右側の海岸線を新島が埋め尽くしていますね。新島ではかなり濃い変色水が確認でき、火山活動の激しさがうかがえます。新島の上側、変色水が出ている部分には湾ができています。

旧島（左）が新島（右）に飲み込まれ始めている
新島
2014年1月12日の西之島

2014年2月2日の西之島

出典：海上保安庁ホームページ（https://www1.kaiho.mlit.go.jp/GIJUTSUKOKUSAI/kaiikiDB/kaiyo18-2.htm）

噴火の種類について

ちなみに、西之島の噴火を見ると小さな爆発的噴火が断続的に起こっており「**ストロンボリ式噴火**」であることがわかります。噴火の種類には弱い順に、ハワイ式噴火・ストロンボリ式噴火・ブルカノ式噴火・プリニー式噴火と主に4種類があります。以下にそれぞれの噴火の種類と特徴をまとめてみました。

噴火の種類と特徴

4種類の噴火の特徴をそれぞれ見ていきましょう。

▼

ハワイ式噴火

ハワイ式噴火は、粘り気の少ない玄武岩質※1のマグマが水のように流れ出る噴火のことです。ハワイのキラウエア火山がその代表例で、爆発的な噴火は起こりません。

ストロンボリ式噴火

西之島ではこのストロンボリ式噴火が起きています。粘り気の低い安山岩質※2のマグマが数十秒おきに火口から噴き上げられるような噴火です。小さな爆発を起こします。

ブルカノ式噴火

マグマの粘り気が強く、大きな爆発を伴う噴火。代表的なものとしては鹿児島県の桜島があります。

プリニー式噴火

非常に粘り気の強いマグマの大爆発によって起こる最も激しい噴火で、2021年に起こった福徳岡ノ場の大噴火や、フンガ・トンガ＝フンガ・ハアパイ火山の大噴火がこれにあたります。**噴煙の高さは10kmを超える規模となり**、福徳岡ノ場では16km、フンガ・トンガではなんと観測史上最大の57kmとなりました。非常に威力のある噴火ですが、爆発力が強すぎて実は**島の面積が拡大しづらい噴火**になります。拡大しないどころか、島が消し飛んでしまったり、カルデラ※3を形成したりします。

※1　玄武岩：黒っぽい色をした岩石。マグマの状態は粘性が低く流れやすい。海洋の地殻はこの玄武岩でできている。
※2　安山岩：主に灰色の岩石で大陸地殻を構成している。安山岩マグマは粘り気が強く流れにくい。
※3　カルデラ：火山の活動によってできた大きな凹地のこと。爆発的噴火により火山噴出物が大量に噴出したり、マグマが地下を移動して空洞化したりした場合に地表が陥没してできる。

島がアメーバ状に拡大を続ける（2014年2月～5月）

上の写真は2014年2月28日の西之島です。旧西之島の半分ほどが新島に飲み込まれてしまいました。一体化した後も、島はアメーバ状に拡大しています。

2014年3月、連日の噴火で徐々に火《か》砕丘《さいきゅう》も成長してきました。下の写真を見ると灰色の噴煙が高さ1500mまで噴出しています。2月から約1カ月で島は東方向に125m、南西方向に50m拡大しています。この頃の西之島は東西方向1180m、南北方向920m、島の面積は0.72㎢。島周囲の変色水域は500mほどでした。日に日に急速なスピードで成長していますね。

2014年2月28日の西之島

2014年3月24日の西之島

出典：海上保安庁ホームページ（https://www1.kaiho.mlit.go.jp/GIJUTSUKOKUSAI/kaiikiDB/kaiyo18-2.htm）

2014年5月21日、新島はかなり巨大になり、旧島の4倍近くになっています。海上保安庁が計測したところ、新島の大きさは東西1280m、南北1040m、面積0.86㎢となりました。

2014年5月21日の西之島

このときは噴煙がとても印象的で、北東方向に高さ180〜250mで流れており、長さは7500〜9500mもありました。まるで天国に続く階段のようです。

2014年5月21日の西之島

出典：海上保安庁ホームページ（https://www1.kaiho.mlit.go.jp/GIJUTSUKOKUSAI/kaiikiDB/kaiyo18-2.htm）

現在も存在する「第７火口」が誕生!（2014年７月～９月）

2014年７月11日、旧西之島の半分以上が新島に覆いつくされています。上の写真の赤い丸で囲んだ部分には**湾ができていました**。この頃は東西方向に1550m、南北方向に1070m、面積は1.08㎢となりました。東京ドーム23個分くらいの大きさです。変色水域は、西之島の東部から北東に帯状で茶褐色から薄い褐色に変化しながら、長さ1000～2000ｍ、幅500ｍとなっていました。

続いて、2014年８月の西之島（写真下）です。写真の真ん中を見ると「**溶岩マウンド**」ができています。溶岩マウンドとは、溶岩が湧き出してできた丘のこと。この溶岩マウンドは楕円《だえん》形に近い形状で、大きさは長径90ｍ、短径60ｍ、高さは

2014年7月11日の西之島

溶岩マウンドとは、溶岩が湧き出してできた丘のこと。

2014年8月26日の西之島

出典：海上保安庁ホームページ（https://www1.kaiho.mlit.go.jp/GIJUTSUKOKUSAI/kaiikiDB/kaiyo18-2.htm）

40mで円形の高まりがあり、丸いお餅のようです。溶岩マウンドができると溶岩が火口を塞いでしまうため、西之島で爆発的な噴火が起きるのではないかと言われていました。

8月に確認された溶岩マウンドは、一部を残して付近に形成された新たな火砕丘に埋没しました。この新たな火砕丘に第7火口が形成され、これが以後の西之島噴火で長きにわたり噴火を続ける火口になります。**2023年現在の西之島でも存在しているのは、この第7火口**です。また、旧西之島は新島にほぼ飲み込まれ、島は東西1570m、南北1450m、高さ97m、面積1.49㎢、体積3923万㎥となりました。これは東京ドーム32個分の大きさです。

2014年9月17日の西之島

第7火口の様子

出典：海上保安庁ホームページ（https://www1.kaiho.mlit.go.jp/GIJUTSUKOKUSAI/kaiikiDB/kaiyo18-2.htm）

1カ月でディズニーランド1個分も成長（2014年10月〜12月）

2014年10月16日、新島の拡大が続き、旧西之島はほとんどが飲み込まれてしまいました。画面右側の地面が黄土色になっている部分や平べったくなっている部分が旧西之島にあたります。もうほとんど残っていません。それもそのはずで、この頃の西之島の成長スピードはとんでもなく速く、**1カ月で0.36㎢も拡大**しています。これは東京ドーム7.6個分の大きさです。全体の大きさは東西1530m、南北1720m、高さ96m、面積1.85㎢、体積5029万㎥となりました。

2014年12月25日、相変わらず島の急速な拡大は続いていますが、この頃の一番の変化は**火砕丘が発達**したことです。下の写真の通り、火砕丘はものすごくきれいな円錐《えんすい》形になっています。

島の大きさは、前回計測の10月16日と比較して0.44㎢も拡大しました。これは東京ディズニーランドと同じくらいの面積で、相変わらずとんでもない成長速度です。全体の大きさは東西1710m、南北1830m、面積は2.29㎢となりました。

2014年10月16日の西之島

2014年12月25日の西之島

出典：海上保安庁ホームページ（https://www1.kaiho.mlit.go.jp/GIJUTSUKOKUSAI/kaiikiDB/kaiyo18-2.htm）

溶岩源・溶岩トンネルが誕生（2015年2月）

2015年を迎えても、島の成長は止まりません。旧西之島はほぼ覆いつくされてしまいました。下の写真の赤丸で囲った平らな海岸地帯が旧西之島です。西之島の鳥類などはこのエリアに生息していたようで、後に行われる生態調査ではカツオドリのヒナが見つかったりしていました。

2015年4月27日、引き続き島は順調に拡大を続けており、このときは**溶岩原**と**溶岩トンネル**が誕生していました。溶岩原とは火山のマグマが溶融した状態のまま地表に流れ出たものが全体として扇状地や平坦な地域となったもの。上の写真の赤い丸で囲んだ部分が溶岩原です。

また、溶岩トンネルはその名の通り溶岩でできたトンネルのことです。溶岩は上部や底部が空気や地表に触れて早く冷え固まってしまう一方、中間部は熱を保ったまま流下し続けます。このため、中間部以外が先に固まりトンネルができるという仕組みです。今回はこのトンネルを通過して、溶岩が海岸線（青丸の位置）に達していることが確認されました。

2014年12月25日と比較して、島は0.16㎢の成長。東西1960m、南北1800m、高さ135m、面積2.45㎢、全体の面積は2.46㎢となりました。

2015年4月27日の西之島

2015年2月25日の西之島

出典：海上保安庁ホームページ（https://www1.kaiho.mlit.go.jp/GIJUTSUKOKUSAI/kaiikiDB/kaiyo18-2.htm）

西之島の火口が真っ黄色に！（2015年5月〜10月）

2015年6月18日、火砕丘北東側斜面には新たに溶岩流出口が形成されており、**ホルニト状**になっていました。ホルニトとは、溶岩流の地殻の開口部から噴出された溶岩によって形成された円錐形の構造です。約1カ月で島は0.13㎢拡大し、面積は2.57㎢から2.7㎢に。「たったの0.13㎢？」と思うかもしれませんが、**東京ドーム2.7個分以上**の大きさです。これが約1カ月で拡大しているのですから、溶岩量は莫大です。島の大きさは東西1980m、南北2090mとなりました。

2015年7月31日、西之島の火口が黄色くなりました。この黄色い物質の正体は火山ガスに含まれる「**硫黄**」です。マグマに溶けている水素・酸素・塩素・硫

島の大きさは東西2000m、南北1900mで、面積は3月27日の時点で2.45㎢でしたが、さらに1.2㎢拡大し、2.57㎢となりました。

2015年5月19日の西之島

約1カ月で島は0.13㎢拡大して、面積は2.57㎢から2.7㎢に。

火砕丘に誕生した新たな溶岩流出口（2015年6月18日）

出典：海上保安庁ホームページ（https://www1.kaiho.mlit.go.jp/GIJUTSUKOKUSAI/kaiikiDB/kaiyo18-2.htm）

黄・炭素・窒素などの成分が圧力の低下で発泡し、水蒸気・フッ化水素・塩化水素・二酸化硫黄・硫化水素・二酸化炭素・一酸化炭素・メタンなどのガスとなり地表に放出されます。島はさらに成長し、面積は2.72㎢になりました。

続いての噴火は2015年10月13日、噴火と同時に**スパッタ**を放出していました。スパッタとは、火山噴火における溶岩の飛沫状の塊のことです。爆発的噴火が繰り返し発生していることで、きれいな円錐状の火口が若干崩壊。火砕丘の手前にも溶岩が堆積し、火砕丘が若干埋もれています。この頃の西之島噴火の激しさがうかがえます。

Japan Coast Guard
2015年7月31日の西之島

Japan Coast Guard
地面が高まり、
火砕丘が若干埋もれている
2015年10月13日の西之島

出典：海上保安庁ホームページ（https://www1.kaiho.mlit.go.jp/GIJUTSUKOKUSAI/kaiikiDB/kaiyo18-2.htm）

大爆発を起こすブルカノ式噴火に移行（2015年11月～）

2015年11月頃には、ストロンボリ式噴火からより爆発的な**ブルカノ式噴火に移行**。大きな爆発音や激しい空気の振動があり、最大で**直径5mの火山弾の噴出**も見られました。火山弾とは、噴火で出た溶岩が飛散しながら冷却して形成される岩塊のことで、**直径64㎜より大きいもの**を指します。この巨大な火山弾は火口から**最大1000mまで**上昇し、爆発的噴火であったことがわかります。

2016年5月、噴火はいったん収まったものの、約2カ月の間に**面積が0.02㎢増加**しました。これは溶岩が波によって削られ、**砂浜が大きくなったことが要因**です。島は東西・南北ともに1920mで大きな変化はありませんでした。

この頃、2013年から続いていた噴火はようやく小康状態となり、島の大きさは東西1900m、南北1950mとなり、2015年9月から変化はありませんでした。島の面積は2.64㎢で、9月の計測時より0.3㎢減少しています。

2015年11月17日の西之島

2016年5月20日の西之島

出典：海上保安庁ホームページ（https://www1.kaiho.mlit.go.jp/GIJUTSUKOKUSAI/kaiikiDB/kaiyo18-2.htm）

2017年の噴火

約1年半ぶりに噴火を計測

2013年から約2年間噴火を続けた西之島は、2015年末からは小康状態に。

その後、2017年4月20日に第7火口でストロンボリ式噴火が起こり、噴火が再開。翌21日には噴煙が高さ1000mを超え、新たな溶岩流出口が出現しました。

噴火の勢いは徐々に強まり、2017年8月2日には灰色の噴煙が数分ごとに噴出。噴煙には火山灰や火山噴出物が多量に含まれているため灰色になっています。最近の西之島は水蒸気主体の白色噴煙ですから、噴煙を見ると、この頃の噴火の激しさがうかがえます。

その後、8月24日には、噴火がすでに収束していました。

2017年4月20日の西之島

2017年8月2日の西之島

2017年の噴火は約4カ月の短期間でしたが、この噴火で島の大きさは西に380m、南西に310m拡大し、全体では東西2160m、南北1920mに。面積は0.05㎢拡大し、2.96㎢となりました。

出典：海上保安庁ホームページ（https://www1.kaiho.mlit.go.jp/GIJUTSUKOKUSAI/kaiikiDB/kaiyo18-2.htm）

2018年・2019年の噴火

再び断続的な噴火が始まる

2018年7月12日、約1年ぶりに噴火が発生。このときの噴火はかなり小規模なもので、噴煙は火口上600m、火砕丘の東側に200mの溶岩流が見られる程度のものでした。この後も小規模な爆発的噴火が繰り返し起こっていたものの、溶岩流は海岸から200mの地点で止まり、結局海岸線には到達しませんでした。噴火は7月下旬には止まっており、この噴火での面積の変化はありません。これまでで最も小規模な噴火となりました。

2019年12月6日、これまでで2番目に大きな噴火を確認。安山岩溶岩の流出から玄武岩溶岩の流出、大量の火山灰噴出など変化に富んだ噴火となりました。噴煙は上空200mまで上がり、**溶岩も海**

2018年7月13日の西之島

2019年12月6日、約1年半ぶりに息を吹き返した西之島

出典：海上保安庁ホームページ（https://www1.kaiho.mlit.go.jp/GIJUTSUKOKUSAI/kaiikiDB/kaiyo18-2.htm）

へ流入しています。

噴火はすぐに激しくなり、12月31日には大量の溶岩の流出が確認されています。上の写真は西之島を赤外線撮影した画像です。大量の溶岩流が海岸に到達していることがわかります。噴出しているのは大陸形成のもとになる安山岩です。みるみるうちに島が大きく成長していきました。

2020年２月４日には、噴火の勢いが急激に増していることが確認されました。噴煙は2700mの高さまで上がり、火砕丘には新たな溶岩が堆積してきれいな円錐形になっています。個人的にはこの頃の西之島の形が最も美しく、お気に入りでした。

2019年12月31日の西之島

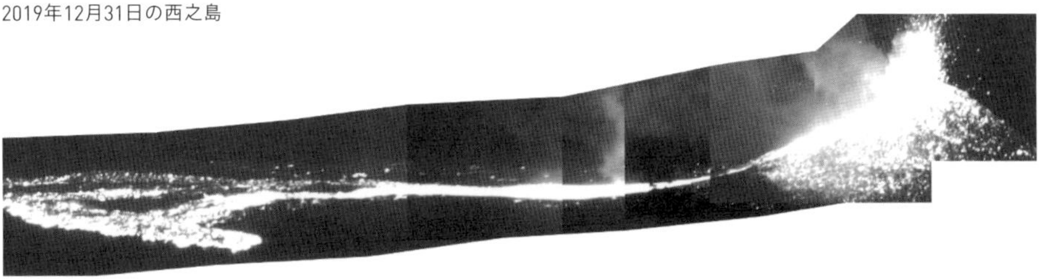

2020年２月４日の西之島

出典：海上保安庁ホームページ（https://www1.kaiho.mlit.go.jp/GIJUTSUKOKUSAI/kaiikiDB/kaiyo18-2.htm）

マグマを目視できるほど激しい噴火になる！（2020年4月～6月）

2020年4月にも小規模な爆発を繰り返すストロンボリ式噴火が継続し、山頂の火口は崩壊。大きな穴がもう1つできています。さらに、山体の周りが黄色くなっており、硫黄が析出《せきしゅつ》しています。写真上側を見ると溶岩流が海岸まで到達しています。溶岩流がくっきり見えますね。

P.28上の写真の右側では、旧西之島がわずかに確認できます。噴火から7年経っても残っているのはすごいことです。

6月になると、**噴火がかなり激しくなってきました**（下左）。噴煙の色も真っ黒で、火山噴出物も増えています。噴煙は高度2400mまで上がり、火山灰の降灰も確認されました。中央火口からは赤

2020年4月19日の西之島

2020年6月15日の西之島。真っ黒な噴煙が上がる

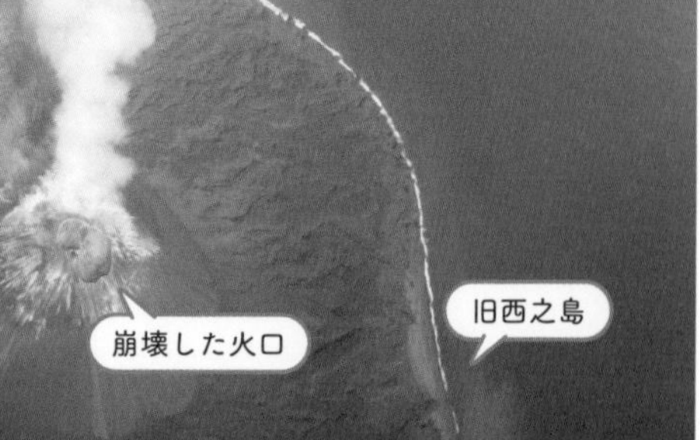

火口からは赤い溶岩が出ているのが確認できる

出典：海上保安庁ホームページ（https://www1.kaiho.mlit.go.jp/GIJUTSUKOKUSAI/kaiikiDB/kaiyo18-2.htm）

い溶岩が上空100mまで噴き出ているのが目視で確認できました（P.28下右）。

火山活動の活発度の目安とされる変色水は、島の東方向に5～6㎞も広がっている様子を確認。さらに、色も白ではなく、褐色となっていました。すでに触れましたが、変色水は白より緑や青のほうが火山活動が激しく、さらに激しくなると褐色になると言われています。

変色水は鉄の割合が多いと褐色や黄色、アルミニウムやケイ素が多いと白っぽくなります。海底の火山活動が激しいほど鉄が増えて褐色や黄色に、穏やかだと白っぽい変色水になります。そのため、変色水で火山活動の激しさをある程度計ることができます。

火山の周りの変色水はなぜ発生するのか？

火山の周りにある変色水。火山活動が活発なときに目にするものですが、なぜ発生するのか皆さんご存じでしょうか？変色水ができるまでの過程を紹介します。

- 海底でマグマが海水を加熱。この加熱された海水はマグマから出てきたガスを取り込み、酸性になります。
- 高温かつ酸性の海水が形成されて周囲の岩石と接触すると、岩石からは鉄やアルミニウム、ケイ素などの元素が溶け出します。
- 高温の酸性の海水は周囲の海水と混ざることで酸性度が下がり、中性となります。
- 中性に変化した海水の中には、先ほど溶け出した鉄やアルミニウム、ケイ素といった元素が混ざっています。これらの元素は中性の水溶液には溶けたままではいられないため、粒子状になって浮き出てくるのです。
- 浮き出た粒子は、マグマから出た窒素ガスなどの火山ガスに巻き上げられて海面上に出てきます。これが変色水の正体です。

ついに旧西之島が新島に飲み込まれる！（2020年6月〜）

2020年6月頃にはさらに大きな爆発的噴火が発生するようになり、噴煙は少なくとも高さ3400mまで上がっているのが確認されています（曇天のため、噴煙の頂部がどこなのか明確には不明）。

下の写真を見るとわかるように、火口から出る噴煙は真っ黒で、**赤い溶岩も目視で確認できますね。**P.28で紹介した6月15日の噴火よりもはっきりと見えることから、この頃の噴火が西之島史上最大級に激しかったことがわかります。

そして溶岩は西側にも流れ始め、**ついに旧西之島が埋もれてしまいました**（写真上）。溶岩流が流れている付近の地面は赤くなっており、酸化鉄が堆積しています。

黒煙が激しく上がっている

2020年6月29日の西之島

爆発的な噴火とともに噴煙が上がり、流れ出た溶岩が西側（写真右方面）に流れ込んでいるのがわかります。

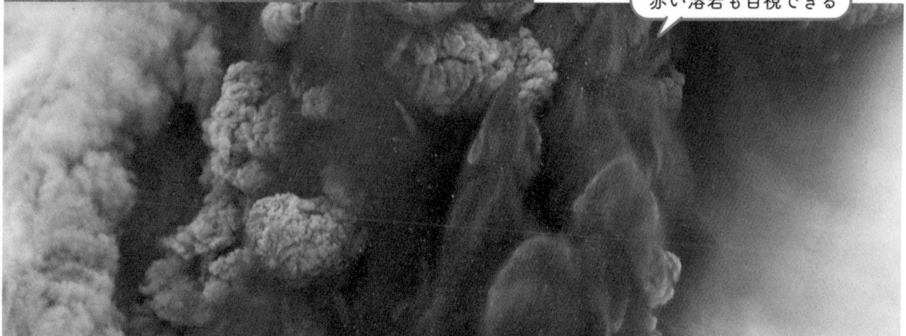
赤い溶岩も目視できる

西之島の火口の様子

出典：海上保安庁ホームページ（https://www1.kaiho.mlit.go.jp/GIJUTSUKOKUSAI/kaiikiDB/kaiyo18-2.htm）

西之島で火山雷が発生！（2020年7月）

噴火の勢いはさらに増し、2020年7月の西之島は史上最も激しい噴火をしていました。**噴煙の高さはおよそ8300m**、2021年に起こる福徳岡ノ場《ふくとくおかのば》大噴火（P.52）の半分くらいの高さですね。これによって、**きれいだった火口も崩壊**して少し不細工な形になってしまいました（次ページの写真を参照）。後にこの火砕丘の中に大きな水たまりができていました。

下の写真は、７月の大噴火で発生した**火山雷《かざんらい》**をとらえたものです。火山雷とは、水蒸気や火山灰、火山岩などの摩擦により生じる雷のこと。写真で見ると神秘的ですが、近くで写真を撮った方は本当に恐ろしかったと思います。

2020年7月20日の西之島

2020年7月11日の西之島

提供：気象庁

火山灰主体の噴火に移行（2020年８月〜）

７月前半の爆発的噴火を最後に、西之島噴火は火山灰主体の噴火に移行しました。大量の火山灰が島の全域に降り注ぎ、地面はふかふかに。このとき島の生態系が崩壊したと思われますが、繁殖していたゴキブリも消滅した可能性があります。そう願いましょう。

東京大学地震研究所によると、この頃からマグマがより深部由来のものとなり、安山岩質マグマから**さらに高温な玄武岩質マグマに変化**したと考えられています。玄武岩質マグマが深部から出続けると地下に空洞ができて山体崩壊する可能性もあるため、西之島の成長の観点から見ると、このあたりで一旦噴火がストップしてよかったと言えるでしょう。

大量の火山灰により、
地面はふかふかになっている
2020年９月５日の西之島

溶岩の流出が止まり
水蒸気の噴出がメインに
2020年８月23日の西之島

出典：海上保安庁ホームページ（https://www1.kaiho.mlit.go.jp/GIJUTSUKOKUSAI/kaiikiDB/kaiyo18-2.htm）

2021年以降は小規模な噴火

かつてないほどの濃厚な変色水を確認（2021年11月～2022年3月）

2021年8月14日には1日限定で噴火が発生。このときはすぐに噴火が収まったため写真はありません。11月1日、噴火は起きていないものの、白色噴煙が高さ2700mまで上がっていました。島の北側、西側、東側では多量の火山ガスの放出があり（赤丸部分）、いつ噴火してもおかしくない状況です。さらに、変色水の色も非常に濃くなっており、島の北側の海岸から5000m以上続いていました。

2022年3月15日には、かつてないほど濃い黄色の変色水が見られました。変色水は島の北北東10㎞にわたって広がり、火口からの白色噴気は高さ900mまで上がっているのを確認。この白色噴気は島の西側以外の全域で確認されました。

2021年11月1日の西之島

2022年3月15日の西之島

出典：海上保安庁ホームページ（https://www1.kaiho.mlit.go.jp/GIJUTSUKOKUSAI/kaiikiDB/kaiyo18-2.htm）

火口に温泉が誕生

ここで注目すべきは「**西之島温泉**」（筆者が勝手に命名）の誕生です。

下の写真の中央付近をよく見ると、水たまりがあるのがわかりますね。火口内なので相当な温度になっているはずですが、いつか西之島に人が住めるようになったら、ここから温泉を引くことになりそうですね！

2022年3月29日には衝撃的な光景が。日に日に噴火状況が激しくなっていた西之島ですが、今度は**島中から大量の白色噴気**が出始めます（P.35上）。大量の水蒸気で火砕丘が見えないレベルです。このもくもくの高さは1000mに及び、ついに西之島が再噴火するのではないかと言われていました。

2022年3月15日の西之島

出典：海上保安庁ホームページ（https://www1.kaiho.mlit.go.jp/GIJUTSUKOKUSAI/kaiikiDB/kaiyo18-2.htm）

いつ噴火が再開してもおかしくない状況に（2022年10月～）

その後、**2022年10月2日にも噴火が発生**しました。この噴火は10日ほど続きましたが、溶岩の流出や島の面積の拡大は起こっていません。

10月7日と11日には、噴煙が高度3700mまで上がりました。噴火が収まった後でも、中央火口からは高さ3600mの白色噴気が出ており、気象庁からも火口周辺警報が出ています。いつ噴火が再開し、西之島が再拡大してもおかしくありません。

2022年3月29日の西之島

2022年10月12日の西之島

島からは大量の煙が湧き出ており、島の一部では火山灰が降り積もっています。

出典：海上保安庁ホームページ（https://www1.kaiho.mlit.go.jp/GIJUTSUKOKUSAI/kaiikiDB/kaiyo18-2.htm）

2023年にも小規模な噴火が発生！

西之島噴火はまだ終わりません。2023年1月25日、また西之島が噴火を起こしました。

簡潔的に小規模な噴火が発生しており、噴煙の高さは900mに達していました。中心の第7火口だけでなく、山の中腹や東側の平地などでも水蒸気が噴出しています。

また、島のほぼ全周に変色水が出ており、有色噴煙も繰り返し確認されました。東京工業大学の野上健治教授は「**西之島の火山活動は再び活発化に転じた**」とコメントしています。西之島噴火は当分収束を見せそうにありません。

山の東側では水蒸気が噴出しています。

2023年1月25日の西之島

2023年1月25日の西之島

変色水と高さ900mまで吹き上げる有色噴煙。

出典：海上保安庁ホームページ（https://www1.kaiho.mlit.go.jp/GIJUTSUKOKUSAI/kaiikiDB/kaiyo18-2.htm）

最新の西之島噴火情報については、
僕のYouTubeチャンネルで
逐次発信しているよ！
現在の島の様子を知りたいという方は
ぜひ見ていってね！

https://www.youtube.com/@hitsuji_bright

西之島が「大陸の始まり」と呼ばれる理由

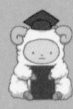

西之島の歴史はここまで。子羊くん、勉強になったかな？

こんなに急速に成長する島が日本にあったなんて、すごく驚きだよ。ひつじさんありがとう。

驚くのはまだ早いよ！ 西之島のすごさは成長の速さだけではなくて、**「大陸形成の始まり」**とも言われているんだ。

大陸形成の始まり……？ なんだかスケールが大きすぎてよくわからないや。詳しく教えてよ。

それじゃあ、続けて解説していくね！

西之島の安山岩

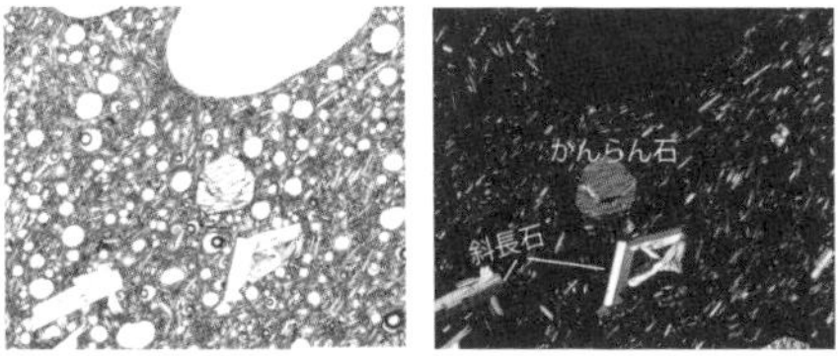

©Yoshihiko Tamura / JAMSTEC

周辺海丘の玄武岩

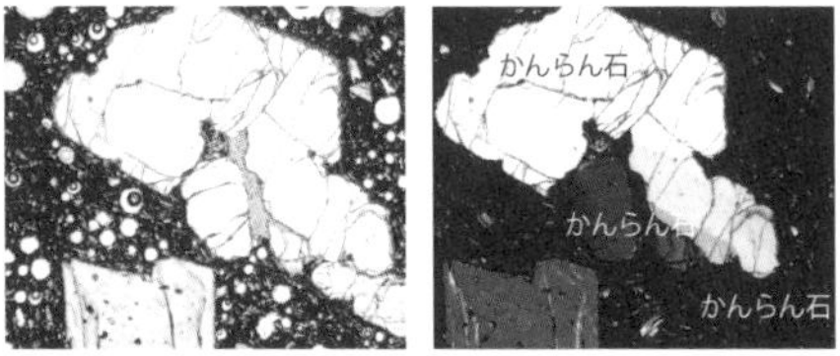

©Yoshihiko Tamura / JAMSTEC

海底火山なのに安山岩溶岩が噴出している

西之島は「**大陸の始まり**」と言われています。地球の大陸では安山岩溶岩が噴出し、海洋では玄武岩溶岩が噴出します。つまり、**大陸は「安山岩」**から、**海洋は「玄武岩」**から形成され、明確に分かれています。しかし、これでは地球誕生時、最初はすべて玄武岩からなる海しかなかったのに、**どうやって安山岩起源の大陸ができたのか説明できません**。その謎を解いたのが西之島です。

西之島は海洋島のため、最初は玄武岩溶岩が出ていると想定されていました。ところが、実際に噴出した溶岩の性質を調べると、なんと**大陸の素である安山岩溶岩が噴出していることが判明**。海洋地殻では玄武岩しか出ないという従来の常識が崩れた瞬間です。

カギを握る「斜長石を含むかんらん岩」

実際に西之島と周辺海底の溶岩を調べたところ、安山岩の噴出には「**斜長石《しゃちょうせき》を含むかんらん岩**」が地殻に安定的に存在することが必要だとわかりました。この斜長石を含むかんらん岩は薄い地殻に安定して存在します。

実は、**西之島の地殻は周辺の島々よりかなり薄く、21㎞**しかありません。例えば、三宅島・八丈島などの伊豆諸島の島々は30㎞以上あります。

地殻の厚さが30㎞を超えてしまうと「斜長石を含むかんらん岩」は存在しなくなります。そのため、地下で安山岩は生成されません。つまり大陸の素材である安山岩溶岩が噴出するためには、**薄い地殻であること**が不可欠で、西之島はその条件を見事に満たしていました。

伊豆・小笠原の地殻構造

©JAMSTEC

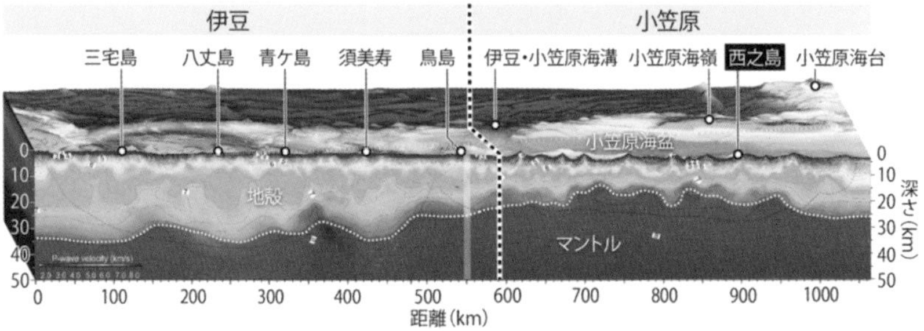

世界中から注目されるのにはわけがあった

「人の影響が及ばない」貴重な島

実は、西之島は、世界中の学者からも注目されています。なぜかと言うと、自然に誕生した島で、歴史上初めて人の影響が及ばない海洋島だからです。

西之島は、一番近い有人島の父島からも130km、本州からは850kmも離れています。ここまで距離が離れていると人の影響がないだけではなく、生物の影響も届きにくく、地球が一から誕生した様子を観察できます。そのため、生物はどこからやってきて、どういった順番で島に到達し、どうやって生態系が構築されていくのかを観察できる、他に類を見ない貴重な島なのです。

西之島と似たような島としてアイスランドの「スルツェイ島」とインドネシアの「クラカタウ」がありますが、これらは有人島との距離が近く、スルツェイ島はアイスランド島から約33km、クラカタウはスマトラ島から約40kmの位置にあります。この距離では有人島の影響をかなり受けてしまい、本当の意味で海洋島の生態系の誕生を観察するのは難しいのです。

このような貴重すぎる研究対象である西之島の生態系を守るべく、環境省などの研究チームは万全の対策をして島に上陸しています。上陸調査を行う際も海水で体を洗浄し、泳いで島まで行ったり、事前に種のある食料を食べなかったり、トイレは携帯式にしたり。持ち込む物資も可能な限り新品とし、燻製《くんせい》処理済の部屋に保管するなど万全の対応を取っています。

環境省の調査でわかった驚くべき生態系

海と陸でたくさんの生命を確認

西之島では数年に一度、定期的に海上調査または上陸調査が行われています。最近でも2022年7月に調査が行われ、島やその周辺にたくさんの生物が根づいてきていることがわかりました。

まず、島周辺の底生生物（水域の底部に生息する生物）の調査を行ったところ、70種類以上の生物が確認されました。これまでの調査では見られなかったイソギンチャクや鉄砲エビなども見つかっています。さらに、石の下にはフサゴカイの仲間やエビやカニなどの甲殻類も存在していました。

一方で、カイメン類やサンゴ類、大型藻類などは確認されていません。これは先ほどもお話しした通り、西之島が他の

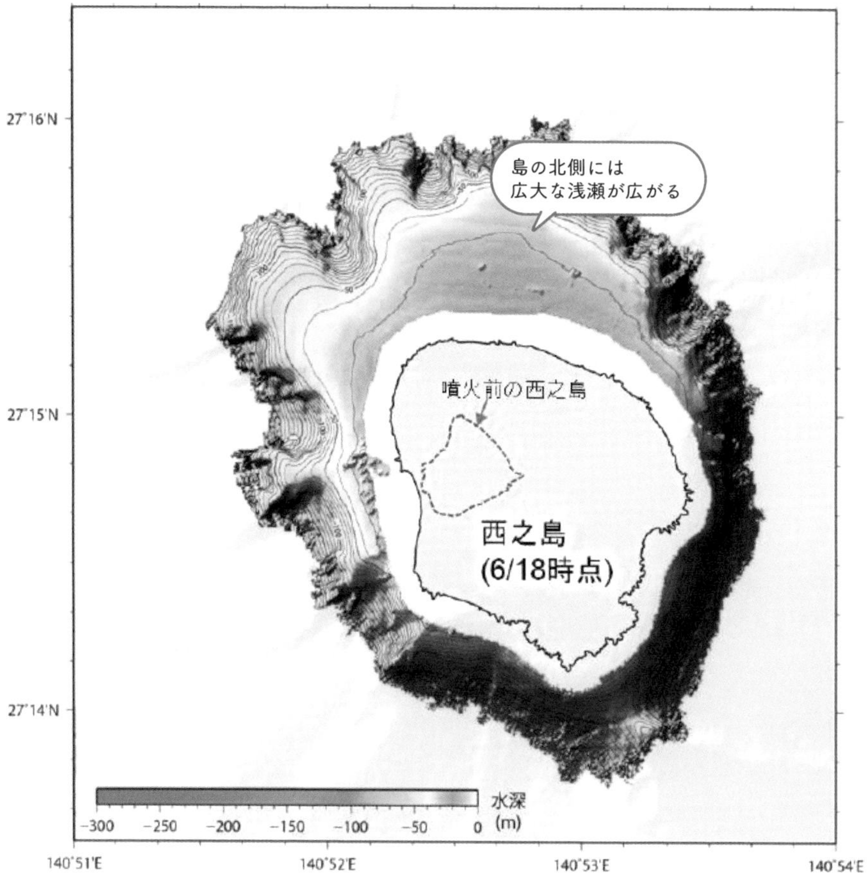

出典：海上保安庁ホームページ（https://www1.kaiho.mlit.go.jp/GIJUTSUKOKUSAI/kaiikiDB/kaiyo18-2.htm）

島から孤立しているため近隣の沿岸域からの新たな生物の加入が少なく、陸からの栄養供給も乏しいことなどが原因です。変色水が常に出ていることからも、栄養のない過酷な環境であることがわかります。

しかし西之島の気候は温暖なので、噴火が収まった後、**将来的には浅瀬に多くのサンゴが誕生する**でしょう。いつかはたくさんの人が訪れるダイビングスポットになるかもしれません。

さらに、島付近を漂流していた軽石や人工物上からは24種類以上の生物が確認できています。この漂流物にはオキナガレガニやカルエボシ、サメハダコケムシ、アミモンガラなども見られました。

陸地で確認された多種多様な鳥類

陸域では、たくさんの鳥類が確認されています。南部を除く島の全域では、アオツラカツオドリ約10ペア、カツオドリ約150ペア、クロアジサシ約30ペア、オオアジサシ約150ペア、セグロアジサシ約300ペアの営巣が確認できています。特にカツオドリやアオツラカツオドリといった鳥類は、徐々に繁殖地を拡大させていたことが調査で明らかになりました。今は噴火も穏やかになっていますから、今後はさらに生態系が豊かになっていくことでしょう。西之島の進化が楽しみですね。

カツオドリ

出典：環境省 西之島総合学術調査事業（撮影：川上和人〔森林総研〕）

新種の生物も発見！

最新の調査では、これまで西之島では確認できなかったニセタマナヤ蛾の成虫も見つかっています。ただ、この種の幼虫は植物を餌にするため植物のない西之島で育ったとは考えにくく、たまたま成虫が飛来しただけのようです。このように、今後も昆虫が島を訪れ、独自の進化を遂げていくことでしょう。

新種と見られるコケムシも発見されました。コケムシは水中で石や植物、他の動物の上に群体で存在する非常に小さな無脊椎《せきつい》動物です。種の始まりは恐竜が生まれるよりもはるか昔の古生代と言われており、生物が爆発的な進化を遂げていた時代です。この発見は、現代の西之島から始まる新たな生態系の序章かもしれません。

新種のコケムシ

出典：環境省 西之島総合学術調査事業（撮影：広瀬雅人〔北里大学〕）

Chapter 2

世界最速で国土を拡大する「硫黄島」の話

メディアではあまり報道されない内容だけど、新しい島が誕生するのはわくわくするよね。

うん。家でゴロゴロしながらゲーム実況ばかり見るのは控えるね。

そうだね。ところで、西之島を超えるスピードで拡大する島があるのを知っているかい？

え？ 面積拡大は西之島だけではないの？

そうなんだ。次は世界最速で国土を広げる「硫黄島」を紹介するよ！

小笠原諸島に浮かぶ「硫黄島」の本当の姿

急速に成長を遂げる島

日本の国土を急速に拡大しているのは西之島だけではありません。**実はもっと急速に成長している場所があります。**それが小笠原諸島の「**硫黄島**《いおうとう》」です（島の全景写真はP.48を参照）。

硫黄島は東京から約1200km南にある孤島。島は意外と大きく、面積は**23.73km²**もあります（2014年、国土地理院）。これは父島（23.45km²）よりも大きく、**小笠原諸島で最大の面積を誇ります。**現在は自衛隊員が駐屯しており一般人は居住していませんが、戦前には人口が1000人を超えていました。第2次世界大戦では米軍との激戦地になっており、今でも当時使用されていた武器や不発弾が残っています。

なぜ硫黄島は日々拡大しているのか

先ほど紹介したように、硫黄島は小笠原諸島最大の島です。2014年時点の計測では23.73km²でしたが、今は**それよりもさらに大きくなっています。**最新の衛星画像で計測してみると、2022年時点で面積はなんと30km²もありました。これは東京都板橋区と同じくらいの大きさです。なぜこんなことが起こるのでしょうか。それは「**島の隆起**」が原因です。国土地理院の計測によると、島が月単位で隆起していることがわかります。具体的な数値を見ていきましょう。

表1は、2021年10月〜2022年9月の硫黄島での月別隆起量を表したものです。「硫黄島1」「硫黄島2」「M硫黄島A」とは、それぞれ硫黄島内の観測点を指します。「硫黄島1」「M硫黄島A」では特に隆起量が多く、1年間の合計を見ると「硫黄島1」は**60.1cm**、「M硫黄島A」は**96.3cm**も隆起しています。1年に約1mというのは世界にも類を見ない速度です。

こんなに激しい隆起が起きる明確な理由はわかっていませんが、原因の1つとして**地下のマグマ**が関係していると言われています。硫黄島の地下には大量のマグマが眠っており、それが島全体を押し上げているという構図です。また、マグマだけではなく、**プレート運動**も島の隆起にかかわっています。原因を聞くと「近いうちに巨大噴火が起こるんじゃないの？」と心配をされると思いますが、防災科学技術研究所によると現在はカルデラ形成の前段階で、すぐに爆発的噴火が起きる可能性は低いそうです。

表2は過去10年間の変化ですが、特筆すべきはM硫黄島Aです。ここでは**10年で約10mも地面が隆起**しています。これだけ激しく島全体が隆起しているため、島の様子もかなり変わってきています。

表1：2021年10月～2022年9月の硫黄島月別隆起量

	2021.10	11	12	2022.1	2	3	4	2022.5	6	7	8	9	月平均	合計
硫黄島1	9.0cm	4.3cm	-1.1cm	9.2cm	4.7cm	5.6cm	6.9cm	7.1cm	4.0cm	5.3cm	2.7cm	2.4cm	5.008cm	**60.1cm**
硫黄島2	1.9cm	0.7cm	1.1cm	2.2cm	-1.0cm	0.5cm	2.1cm	1.3cm	0.7cm	0.3cm	0.8cm	-1.1cm	0.791cm	9.5cm
M硫黄島A	11.8cm	10.4cm	6.1cm	12.4cm	7.7cm	6.8cm	10.4cm	6.5cm	6.7cm	5.0cm	5.2cm	7.3cm	8.025cm	**96.3cm**

表2：2012年1月1日～2022年9月24日の父島と比較した変化量

	硫黄島1	硫黄島2	M硫黄島A
変化量	約800cm	約150cm	約1000cm

出典：国土地理院

「M硫黄島A」は10mも隆起したの!? そんなに変動していたら、島の景色はどんどん変わっていくだろうな。

その通り。久しぶりに地元に帰って「子どもの頃に通った駄菓子屋、なくなっちゃったんだ……」なんてレベルではなく、地形そのものが変わるんだからビックリだよね。

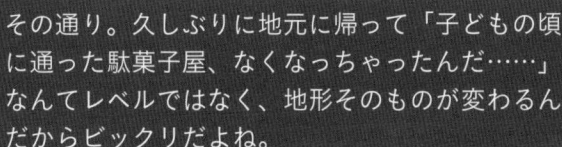

写真で見ると拡大する島の様子が一目瞭然！

1年で海岸線が70m後退した

陸地が常に激しく変動している硫黄島ですが、同じ地点の写真を見比べてみると、その変化は一目瞭然です。特に激しかったのは2011年の東日本大震災後。硫黄島の東海岸や漂流木海岸では、2010年12月〜2011年12月の1年間で海岸線が**70mも沖合に後退**しました。つまり、もともと海だった場所が完全に陸になったということです。これは通常の隆起だけでなく、地震が発生したことによる**地震性隆起**も同時に起きていたことが影響しているものと思われます。

東日本大震災前後の海岸線の変化

出典：国土地理院地理地殻活動研究センターTwitter　https://twitter.com/GSI_Research/status/415656327474458624

沈没船や碑は海の中へ

続けてこちらは沈没船と東海岸の様子です。地面が急速隆起したことで、海岸線に位置していた**沈没船は砂浜に埋まってしまいました**。また、東海岸の様子も一変しています。もともと西大佐の碑付近にある岩は海岸線にありましたが、隆起の影響で完全に陸に乗り上げている状態です。

なお、この沈没船については硫黄島の戦いで沈んだものと勘違いされがちですが、実際には戦後にアメリカ軍が港を作るために、水深6mに沈めたものです。しかし島の隆起が激しすぎたため、港の建設計画は途中で断念されました。

沈没船

隆起による海岸線の変化

沈没船や東海岸を見ると、すさまじい変化がわかります。

東海岸(西大佐の碑付近)

隆起による海岸線の変化

出典：国土地理院地理地殻活動研究センターTwitter　https://twitter.com/GSI_Research/status/415657136765415424
※当初のツイートでは東海岸(西大佐の碑)としていたのを間違いに気が付き、2013年12月25日にTwitterで訂正しております。

「沈没船」「二ツ根」に見る島の変化

上左が1976年の硫黄島、上右が2023年の硫黄島です。この比較写真を見ても50年経たずに島の形が変わっており、かなり成長していることがわかります。写真左側に見える釜岩（赤丸）は元々離島でしたが、隆起により陸続きとなった場所です。1976年の写真では半島のようになっていましたが、右側の2023年の写真を見ると半島というより島の一部になっています。

さらに注目すべきは沈没船です（青丸）。海岸線の拡大画像（下左）を見ると陸に乗り上げた沈没船が見えます。これはP.47で紹介した沈没船で、**もともと水深6mにありました**。それが今ではすべて陸に乗り上げています。この沈没船は戦争で使ったものではなく、戦後に米軍が港を作ろうとして沖に沈めたものですが、島の隆起が激しいため、途中で断念しました。

また、下右の**二ツ《ふた》根《ね》と言われる場所も現在では陸続き**になっています。ここも元々は沖合に浮かんでいました。それが急速な隆起で最近陸続きになってしまいました。

硫黄島の比較

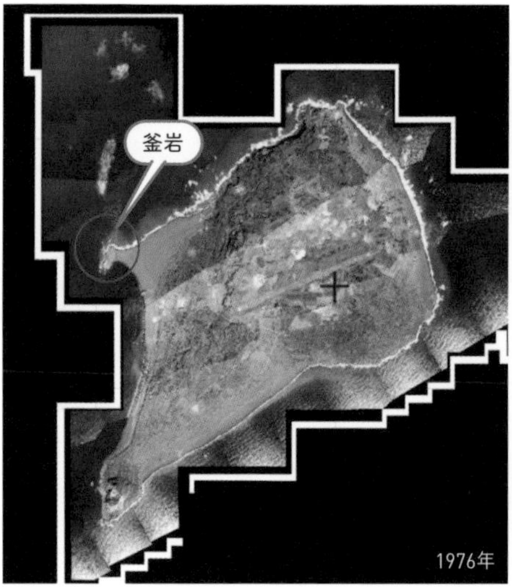

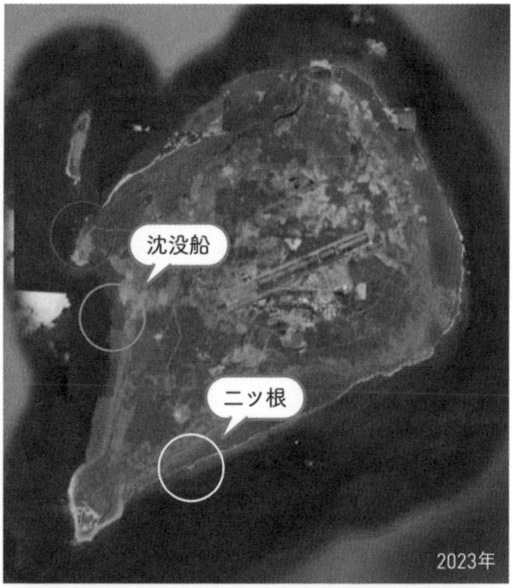

出典：国土地理院

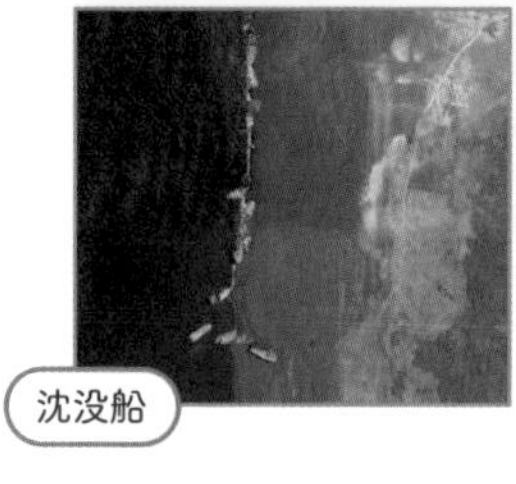

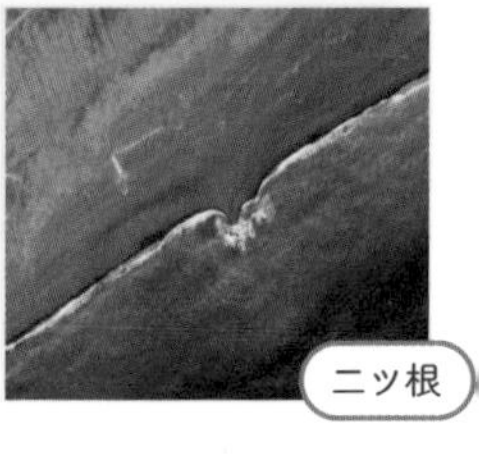

100年間で島の形は大きく変わった

下の図は国土地理院が作成した、明治42年（1909年）～平成18年（2006年）の島の面積変化を表した画像です。先ほど少し触れた釜岩の変化に注目してみてください。左上の明治42年の図では、釜岩は本島から大きく離れていますが、**昭和54年には隆起により陸続き**となっています。明治42年と平成18年の島の大きさを比較しても全体的に巨大化し、島の形は大きく変化していますね。

平成18年の図を見ると、左上に細長い島が存在していることがわかります。ここは「監獄岩」と言われる場所で現在は離島になっていますが、釜岩と同じく**近いうちに本島とつながる**でしょう。

明治42年（1909年）～平成18年（2006年）の硫黄島の変化を表した図

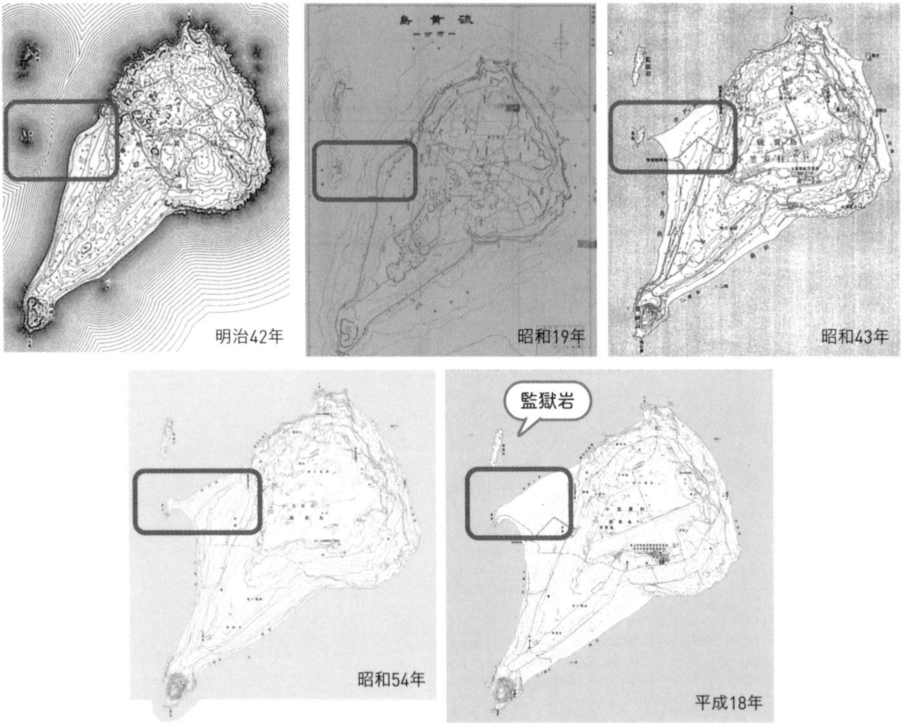

出典：国土地理院地理地殻活動研究センターTwitter　https://twitter.com/GSI_Research/status/415653228093521920

硫黄島は将来、どこまで国土を拡大するのか

今後の成長にも期待大

さらに、戦時中の1945年と2022年の衛星写真を比べてみると、現在の硫黄島は横に太くなっている印象を受けます。P.48で紹介した釜岩が陸続きになったことも、これを見るとわかりやすいですね。

島の拡大は**今後もしばらくは急速に進む**と予想されます。下の海底地形図を見ると、島の周りには広範囲で白い色の水深の浅い場所があります。この範囲は水深が数mで、隆起によりすぐに陸地化してしまうでしょう。すべて陸地化すると、島の面積は**大体53.08㎢**になります。これは三宅島や東京都足立区と同じくらいの面積で、西之島の13倍です。このように**日本は世界最速で自然と国土を拡大**しているんですね。

硫黄島の衛星写真の比較

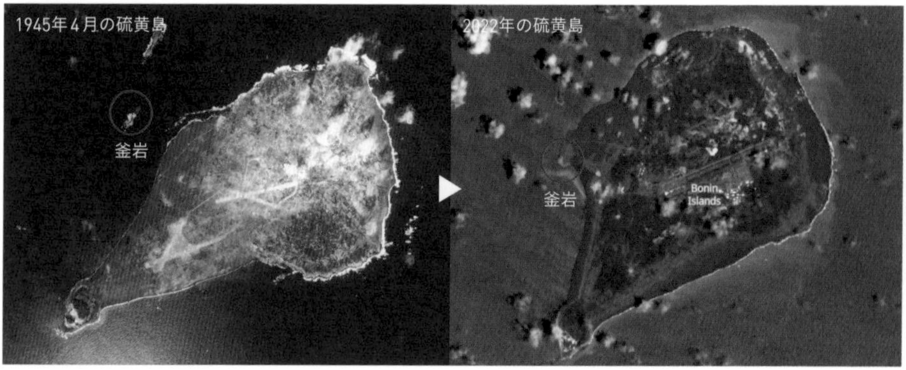

提供：米海軍歴史センター

硫黄島の海底地形図

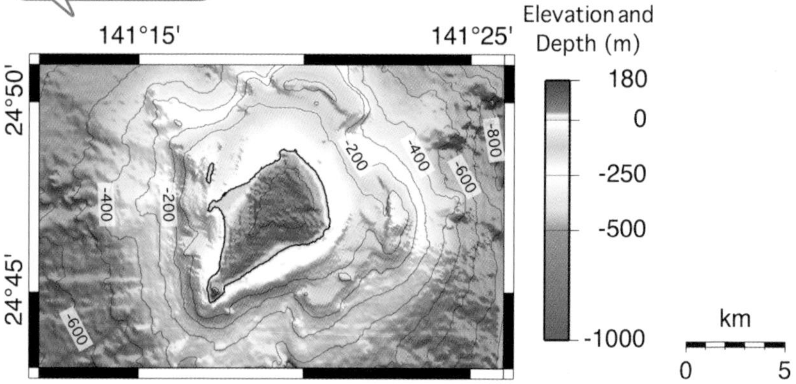

出典：海上保安庁ホームページ（https://www1.kaiho.mlit.go.jp/GIJUTSUKOKUSAI/kaiikiDB/kaiyo22-2.htm）

Chapter 3

まだまだある！
「第2の西之島候補」の話

10年で10mという、西之島をはるかに超えるスピードで成長する島があるなんて本当に驚きだよ！

島内の滑走路は隆起でダメになってしまうほどのスピードなんだ。だから港も作れなかった。おそらく世界一の隆起速度だよ。

けど日本は火山大国だから、他にも似たような島がありそう！

察しがいいね！実は火山大国ゆえ、西之島や硫黄島のように面積を拡大する島は他にもあるんだ！続けて見ていくよ！

噴火が頻発している「福徳岡ノ場」

島の概要

福徳岡ノ場は2021年に大噴火し、噴出した軽石が沖縄の港に大量に漂着したニュースが有名です。聞き覚えのある方もいるのではないでしょうか。福徳岡ノ場は東京から南に1300㎞も離れた場所にある海底火山で、海上保安庁のホームページによると、最近の大噴火を起こす前は水深25mのところに山頂がありました。この島は、記録に残っているだけでも**1904年以降6回も噴火**をしています。

では、これまでの噴火の概要を見ていきましょう。

噴火の概要

1904年の噴火

福徳岡ノ場の記録に残っている最初の噴火です。1904年11月14日に海底噴火が発生し、爆発音を確認。11月28日に噴煙と水蒸気が発生し、12月5日には**新島が形成**されました。誕生した新島は**高さ145m**、外周4.5㎞、面積0.7936㎢と巨大でしたが、数カ月で消滅してしまいました。

1914年の噴火

2回目の噴火は1914年1月23日。大量に溶岩を噴出、このときも新島が誕生しました。島の高さはなんと**300m**、外周は11.8㎞。前回誕生した新島よりもかなり大きかったですが、2年半後にはこの島も消滅することになりました。このときは島が大きい分、寿命が非常に長かったんですね。

1986年の噴火

2回目の噴火から70年ほど間が空き、3回目の噴火は1986年です。海底噴火が発生し、1月18日には火山噴出物が海面上に到達しました。そして2日後の1月20日には新島が形成されましたが、2カ月後の3月26日には島が海没してしまいました。これまでの噴火と比べ、非常に短期間の噴火となりました。

1986年の海底噴火の様子

1986年、火口の周辺に軽石が蓄積して島が形成された様子

出典：海上保安庁ホームページ（https://www1.kaiho.mlit.go.jp/GIJUTSUKOKUSAI/kaiikiDB/kaiyo24-2.htm）

2005年〜2010年の噴火

2005年にも噴火が起こりましたが、新島は形成されていません。7月2日、高さ100m以上の水柱が上がり、夜には海中に火花を確認。翌3日には多数の岩塊が海面上を浮遊しているのが発見されました。周囲には長さ1000mの変色水域も見られています。4日にも白っぽい緑色の変色水が出ていましたが、結局、新島は形成されずに終わってしまいました。

2010年にも海底噴火が起こり、小規模なコックステールジェットが発生しました。コックステールジェットとは、マグマ水蒸気噴火によって発生する鶏の尾のような形の黒っぽい土砂混じりの噴煙のことです。なお、このときも新島は形成されませんでした。

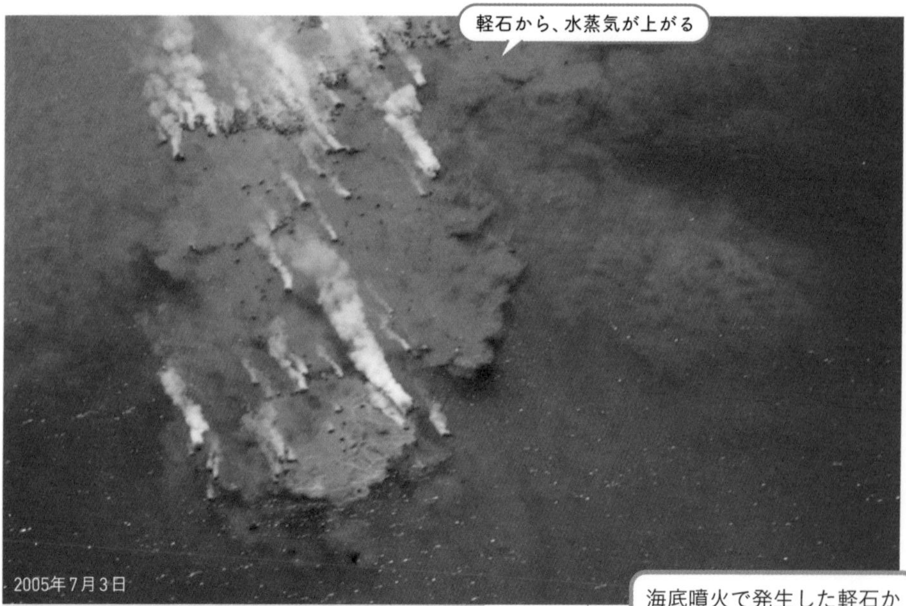

海底噴火で発生した軽石から、水蒸気が上がる様子。

2010年、福徳岡ノ場で発生した小規模なコックステールジェット。

出典：海上保安庁ホームページ（https://www1.kaiho.mlit.go.jp/GIJUTSUKOKUSAI/kaiikiDB/kaiyo24-2.htm）

2021年の噴火

2021年8月13日に、海上保安庁の航空機が巨大な噴煙を確認。噴煙の高さは**1万9000m**を超えており、320km離れた小笠原諸島の父島からも見ることができました。この噴火は**火山爆発指数（VEI）4**となっており、**明治時代以降に日本で発生した噴火の中では最大級のものでした。**

この爆発的噴火により馬の蹄状《ひづめ》の新島が形成されました。噴火から約3週間後の9月2日には国土地理院が計測結果を発表し、新島の大きさは以下の通りでした。

・西側　：外周約2.3km、面積約0.3km²
・東北側：外周約0.5km、面積0.1km²未満
・東南側：外周約0.2km、面積0.1km²未満

出典：海上保安庁ホームページ（https://www1.kaiho.mlit.go.jp/GIJUTSUKOKUSAI/kaiikiDB/kaiyo24-2.htm）

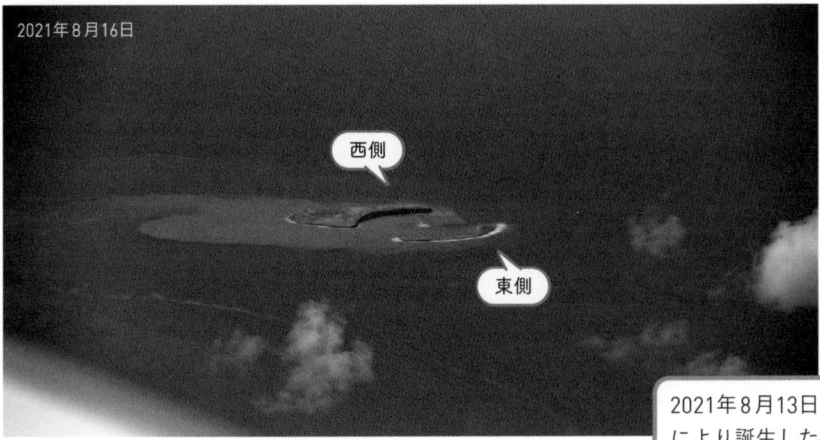

2021年8月13日の噴火により誕生した新島。

2021年の噴火のその後

しかし、軽い堆積物で形成された新島は波によって削られ、次第に面積を縮小し、2022年の1月には島が海没してしまいました。

噴火前は島の山頂は海底下25mでしたが、今回の噴火により一瞬ですが新島が誕生しました。そのため、山頂部分は間違いなく**以前よりも浅くなっています**。2022年になっても度々変色水は確認されています。確実に新島が誕生しやすい状況になっており、次に噴火が発生すれば、また**新たな島が顔を出す**ことでしょう。

火山爆発指数（VEI）とは？

火山爆発指数とは**火山噴火の規模の大きさ**を表すものです。指数は1〜8まで存在し、爆発指数＝VEIが1上がるごとに噴出物の量は10倍になります。

2021年に発生した福徳岡ノ場の爆発的噴火はVEI4。2022年のフンガ・トンガ＝フンガ・ハアパイ火山の噴火はVEI5です。日本の歴史上で最も威力の大きな噴火は、9万年前に発生した阿蘇カルデラの大噴火で、VEIは7。北海道や北朝鮮、ロシアにまで火山灰が到達したと考えられています。

そして、人類史上最大の噴火と言われているのが、7万3000年前に起こったVEI8のインドネシア・トバ湖の大噴火。トバ湖では大噴火により、当時人類がいたアフリカまで火山灰が飛んでいったと言われています。諸説ありますが、この大噴火で地球の平均気温が5℃も下がり、人類が絶滅に追いやられ、多様性が失われたとの説もあります。

P.57の表は、過去に起こった代表的な噴火のVEIと、噴火区分や噴煙の高さをまとめたものです。

出典：海上保安庁ホームページ（https://www1.kaiho.mlit.go.jp/GIJUTSUKOKUSAI/kaiikiDB/kaiyo24-2.htm）

火山爆発指数（VEI）やその例を表した表

VEI	噴出物の量	噴火区分	噴煙の高さ	例
0	0.00001㎦ 未満	ハワイ式	100m未満	マウナ・ロア山 （1984年）
1	0.00001㎦ 以上	ハワイ式 または ストロンボリ式	100〜1000m	キラウエア火山 （1983年〜現在）
2	0.001㎦ 以上	ストロンボリ式 または ブルカノ式	1〜5㎞	八丈島（1605年） 御嶽山（2014年）
3	0.01㎦以上	ブルカノ式	3〜15㎞	青ヶ島（1785年） スルツェイ島（1963年） 三宅島（2000年）
4	0.1㎦以上	プリニー式	10〜25㎞	桜島（1779年） 浅間山（1783年） 福徳岡ノ場（2021年）
5	1㎦以上	プリニー式	25㎞以上	富士山（宝永大噴火、1707年） セント・ヘレンズ山（1980年） フンガ・トンガ＝ フンガ・ハアパイ（2022年）
6	10㎦以上	プリニー式 または ウルトラ プリニー式		阿蘇山（26万6000年前） ピナトゥボ山（1991年）
7	100㎦以上			阿蘇カルデラ（9万年前） 鬼界カルデラ（7300年前）
8	1000㎦ 以上	ウルトラプリニー式 （破局噴火）		トバ湖（7万3000年前） イエローストーン（64万年前）

観測船を巻き込む大噴火「明神礁」

島の概要

明神礁《みょうじんしょう》は、東京から南に420km、伊豆諸島に位置する島です。高さ約1500mの海底火山で、中央には7km×9kmの明神礁カルデラがあります。そのカルデラの中央部分には高さ650mの高根礁、カルデラの北東に明神礁があります。

この明神礁は水深50mの円錐形の海底火山で、有史以来の活動記録ではこれまでに**12回も噴火**が発生しています。その中でも特に顕著な噴火は1946年と1952年です。

噴火の概要

1946年の噴火

1946年の噴火では**新島が出現**。2月に観測が行われ、長さは200m、幅は150mもありました。4月には新島が4個になっていて、高さが36m、10月には高さが100mのものが1個に。かなり巨大な島に成長していますが、12月には波に洗われ、海面下に海没してしまいました。

1952年の噴火

非常に激しかったのが、1952年の噴火です。1952年9月17日には大爆発を伴う海底噴火が発生し、新島が誕生しました。新島は直径百数十m、高さは10mの大きさでしたが、9月23日には海没してしまいます。このときは爆発的噴火が発生していたので、波に洗われたのではなく、噴火により新島が吹き飛んだものと推測されています。

9月24日には、明神礁の調査に入っていた海上保安庁の船が海底噴火に巻き込まれる事故が発生しました。その後も噴火は継続し、10月11日には再び新島が出現するも、翌年の3月11日に消滅。さらに4月5日に3度目の新島が誕生しますが、5カ月後には消滅が確認されました。

明神礁の海底地形図

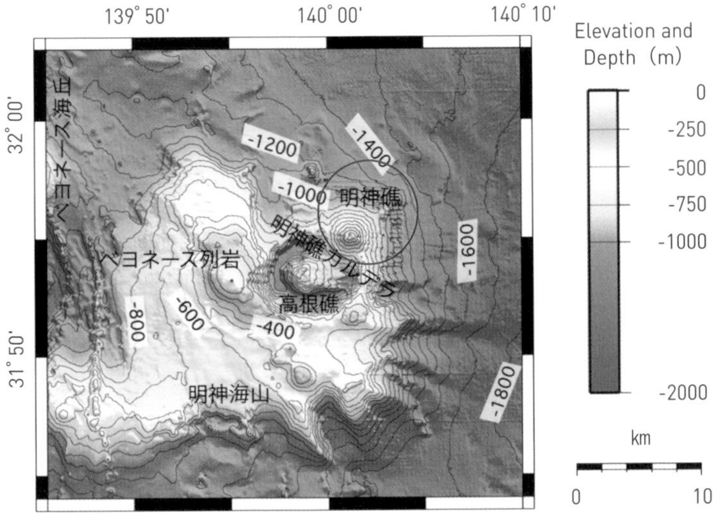

1952年9月23日の噴火時の様子

出典：海上保安庁ホームページ（https://www1.kaiho.mlit.go.jp/GIJUTSUKOKUSAI/kaiikiDB/kaiyo14-2.htm）

今後の火山活動に期待！「海徳海山」

島の概要

海徳海山はかなりマイナーな火山で、知っている方は少ないと思います。東京の南約1050㎞にある海底火山で、火山の直径は40㎞、高さは2500mにも及び、大きな3つの峰から構成されています。P.61の海底地形図の左下にあるのが西海徳場で水深100m、右下にあるのが水深97mで東海徳場と言います。この海徳海山は**2022年にも火山活動が活発化**し、ニュースになりました。

噴火の概要

1543年の噴火

記録に残っている最初の噴火は1543年。西海徳場で海底火山が発生しました。かなり前の記録なので、詳細については不明です。

1984年の噴火

1984年3月8日、海底噴火が発生しました。16日には黒い岩礁らしきものが海面から1mほど噴出しており、23日には高さ160m、幅が230mの噴出が起こりました。このときは軽石の噴出も確認されています。それ以降は噴出が確認できなかったため、噴火は短期間で収まったものと考えられます。

活発な火山活動が今も継続中

この海底火山で記録されている噴火はこの2回のみですが、実は最近、火山活動が活発化しました。2022年8月に変色水と火山ガスの放出も確認され、23日には噴火警報も発令されました。そして、**2022年11月も継続して変色水が確認さ**れており、活発な火山活動が続いています。東海徳場は水深が97mと浅いため、今後噴火が発生した際には**新島が誕生する**可能性があります。

海徳海山の海底地形図

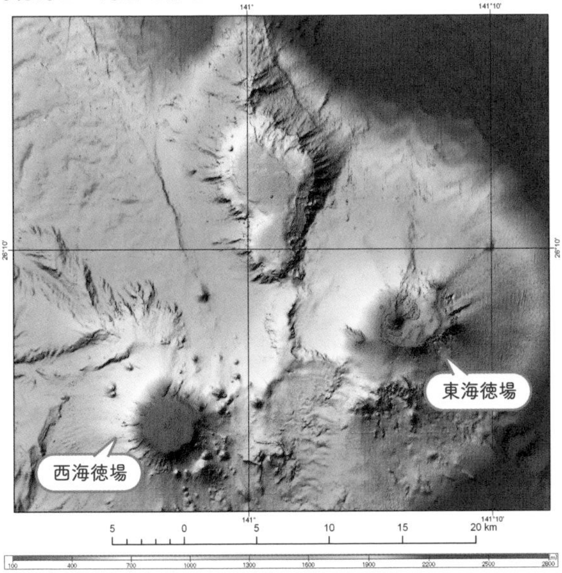

海底噴火で噴出した軽石から水蒸気が立ち上っている様子

出典：海上保安庁（https://www1.kaiho.mlit.go.jp/GIJUTSUKOKUSAI/kaiikiDB/kaiyo20-2.htm）

Chapter 4

日本は世界6位の海洋大国。さらに広がる海の話

突然だけど、子羊くんは日本がとても小さな国だと習わなかったかな？

うん。日本は小さい国だと習ったし、実際に地図で見てもすごく小さいよね。

実はまったくそんなことはないんだ。陸も別に小さくはないのだけれど、日本は海洋国家。海の面積、海の資源は信じられないレベルで恵まれているんだよ。

そうなの？ ひつじさん、本当にいろんなことを知ってるね！ 気になってきた！

ふふふ。そしたら、子羊くんの常識をまた一つ壊していくね！

日本の国土は本当に「小さい」のか

海においては世界有数の大国

皆さん、日本は小さい国だと思っていませんか？ 確かに地図で見ると国土はすごく小さく見えますよね。これまでの義務教育でも、何となく小さい国というイメージが刷り込まれていたかと思います。

しかし、実際には国の面積順位では世界**196カ国中61位**ですし、**ヨーロッパの大国ドイツよりも大きな面積を誇ります**。面積の大きい国とは言えませんが、小さい国ではありません。少し大きい国です。

さて、そんな日本ですが、**海洋においては世界有数の大国**です。排他的経済水域（EEZ）の面積では、なんと**世界第6位**。排他的経済水域とは漁業・資源採掘・科学調査といった活動を他国に邪魔されずに自由に行える水域のことで、干潮時の海岸線から200海里（370㎞）までの範囲を言います。海の魚や海底資源などをその国が独り占めすることができ、その地域を支配していると言っても過言ではありません。

排他的経済水域はインドの約1.4倍

日本の排他的経済水域の面積は、**447万㎢**もあります。これはどのくらいの大きさでしょうか。国の面積にたとえると、世界で7番目に大きい**インド（329万㎢）の約1.4倍**です。とんでもない大きさですよね。

しかも、面積が大きいだけではありません。海の体積では1580万㎦にも及び、アメリカ・オーストラリア・キリバスに続き**世界第4位**となります。さらに、水深6000m以深の超深海に限ってみれば、体積は**世界第1位**になります。日本の周りはプレート境界が集中し、プレートがプレートに沈み込む海溝だらけですから、深い海が多いのです。

いかがでしょうか。よく調べてみると日本は別に小さい国ではないし、**むしろ少し大きい国で、海洋においては超大国**であることがおわかりいただけたと思います。

領海・排他的経済水域等模式図

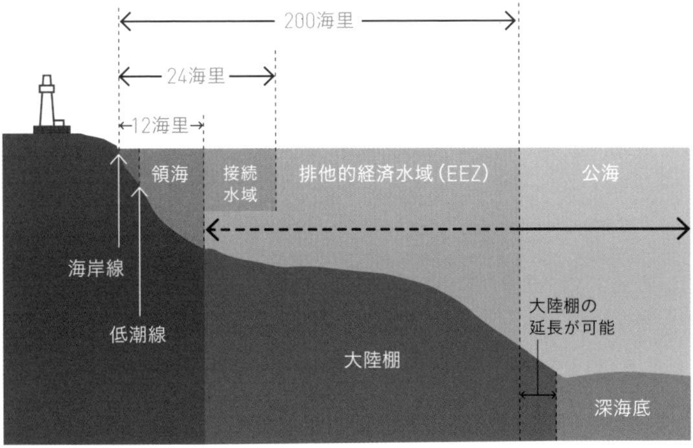

日本の領海等概念図

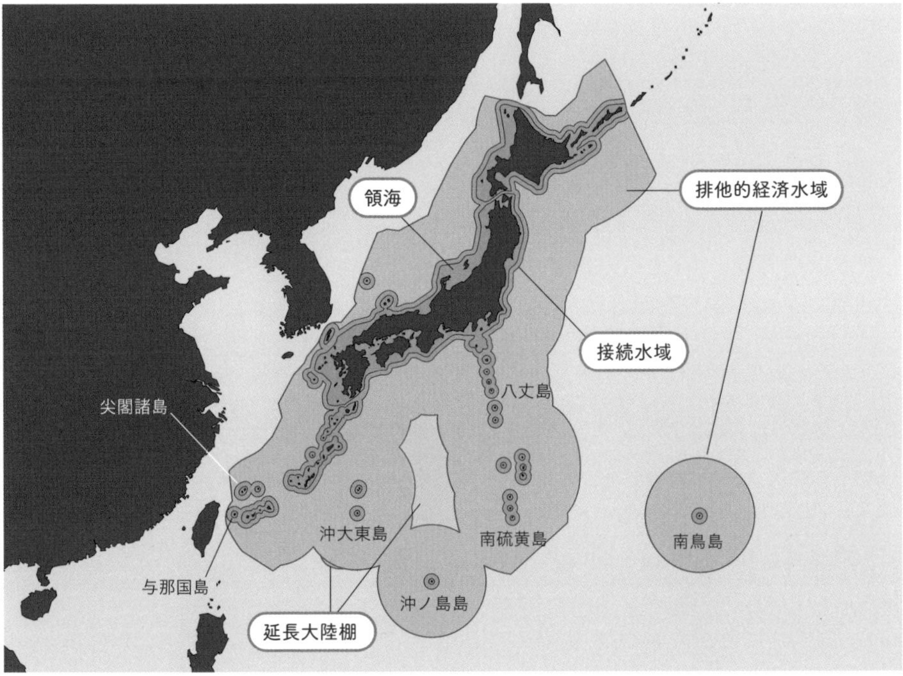

海上保安庁の資料をもとに作成

排他的経済水域がさらに広がった！

延長大陸棚が認められ、海洋利権も手に入る！

2012年、日本政府が申請した**大陸棚の延長**が認められ、日本の海洋権益がさらに大きくなりました。**大陸棚**とは、陸に続く比較的なだらかな傾斜の海底部分のことを指します。

大陸棚においては、そこに存在する生物や天然資源について、探査・開発・採取を行える主権的権利が認められます。この大陸棚は基本的に干潮時の海岸線から200海里までですが、地形的・地質的に陸とつながっていると認められれば、沿岸国は200海里を超えて大陸棚の設定が可能です。これを「**延長大陸棚**」と言います。延長大陸棚が認められるためには大陸棚限界委員会（CLCS）に申請し、承認を受ける必要があります。

2008年11月、日本政府は大陸棚限界委員会に対し、大陸棚の延長申請を行いました。申請した大陸棚は小笠原海台海域・南硫黄島海域・四国海盆海域・九州パラオ海嶺南部海域・沖大東《おきだいとう》海嶺南方海域・茂木海山《もぎかいざん》海域・南鳥島海域の７つです。

これらの海域について、1983年から海上保安庁などが長年緻密な海底地形調査を行い、たくさんのデータを集めていました。これをもとに大陸棚限界委員会に申請を行った結果、**四国海盆海域・沖大東海嶺南方海域・南硫黄島海域・小笠原海台海域の４海域が日本の延長大陸棚として認められたのです**。認定された海の面積は31万㎢。これは朝鮮半島（韓国＋北朝鮮）と北海道を合わせたぐらいの大きさになります。

このうち、四国海盆海域と沖大東海嶺南方海域の２海域（P.67のピンク色の部分）については、2014年に日本政府が政令を制定し、正式に日本の延長大陸棚となりました。小笠原海台海域と南硫黄島海域については認可されていますが、米国と協議のうえ最終決定することになっています。問題は九州パラオ海嶺南部海域です。ここについては**中国・韓国からの異議申し立てがあり、「結論先送り」**となっています。中韓の異議内容は九州パラオ海嶺南部海域認定の根拠となっている沖ノ鳥島について「島ではなく、岩であるため、この海域は認められない」という趣旨です。

ここについては、国際法の条文や既成事実から検討が必要で、日本にも反論の余地は十分にあります。大陸棚を規定する国連海洋法条約の定義にも当てはまっていることや、そもそも大陸棚限界委員会が沖ノ鳥島が島であることを間接的に認めているともとれること、沖ノ鳥島が岩であるならば異議を唱えている中国の南沙《なんさ》諸島は岩ですらないことなどが反証材料になりそうです。

日本が申請した延長大陸棚の一覧

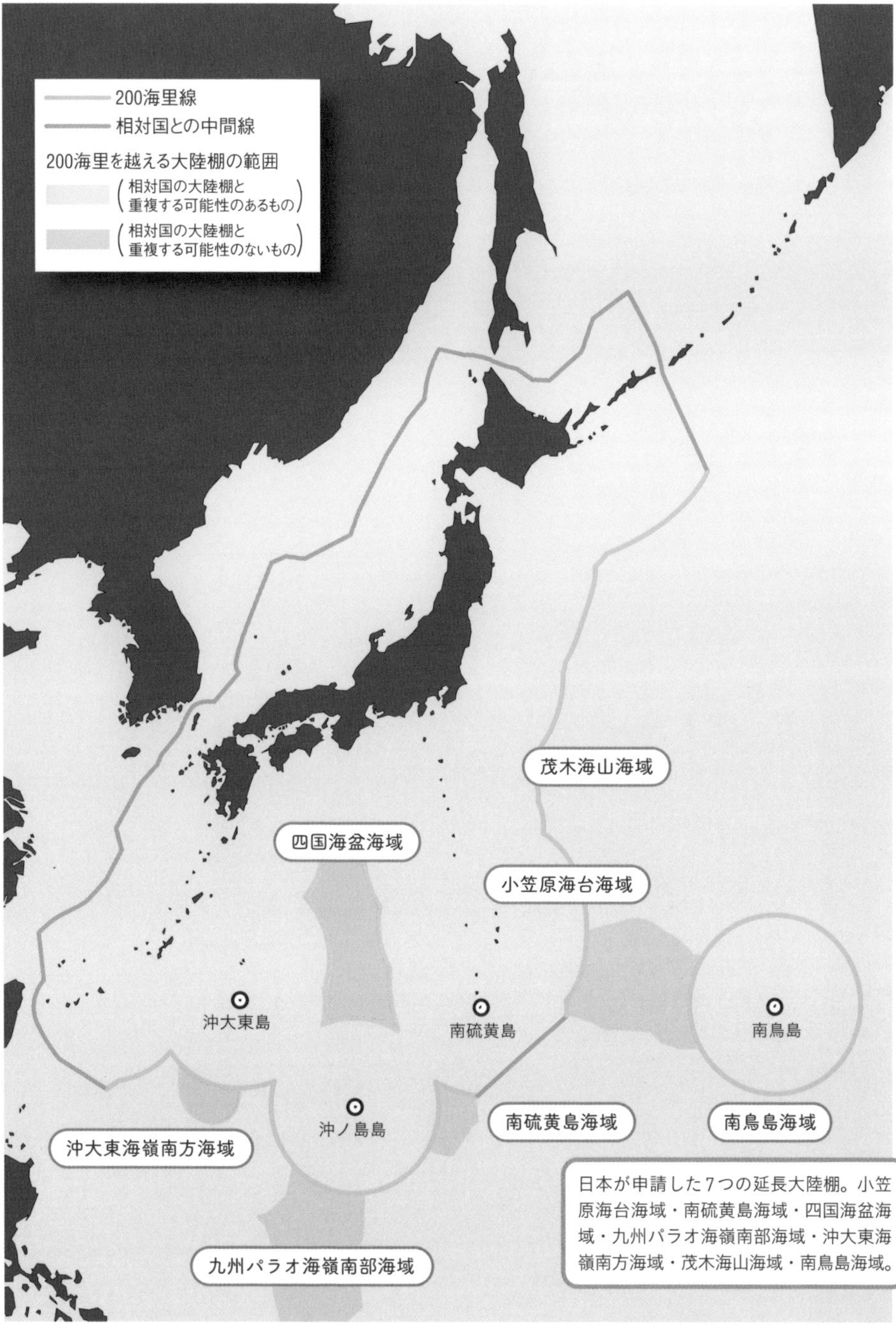

日本が申請した7つの延長大陸棚。小笠原海台海域・南硫黄島海域・四国海盆海域・九州パラオ海嶺南部海域・沖大東海嶺南方海域・茂木海山海域・南鳥島海域。

海上保安庁の資料をもとに作成

海洋を争う中国・韓国との戦い

今回認定されて日本の大陸棚となった4海域の面積は**31万㎢**にも及びます。これは北海道を除いた日本の面積よりも少し大きいくらいです。ここまで巨大なエリアで日本は**優先して海底資源を採れるようになった**のです。しかも、日本近海にはコバルトリッチクラストやマンガン団塊、海底熱水鉱床など**たくさんの海底資源が眠っています**。メディアではあまり報道されていませんが、延長大陸棚の認定はかなりの国益です。

すでに海洋超大国だった日本ですが、さらにその地位を強固なものにしていたんですね。

先ほど述べたように、九州パラオ海嶺南部海域の認定根拠となっている沖ノ鳥島について、中国や韓国は島ではなく岩であると主張し、認定が先送りとなっています。また、最近では中国が周辺海域の調査を活発化させ、**日本の大陸棚認定を阻止しようとする動き**に出ています。さらに、沖ノ鳥島を岩であると主張する中国による**学術論文の提出も増加**しています。

ただ、日本にとって逆風ばかりではなく、2022年6月16日に行われた大陸棚限界委員会の委員選挙で、**東京大学の山崎俊嗣《としつぐ》教授が再選**を果たしました。大陸棚限界委員会は21名の専門家からなる委員会で、大陸棚が延長されるかどうかを科学的根拠に基づいて判断する国際機関です。山崎教授の任期は2028年6月までで、大陸棚の延長申請を行っている日本にとって、日本人が再選されたことは追い風です。皆さんがこの問題について知ることで日本の立場も変わっていきます。今後のためにも、この話題について一緒に広めていきましょう。

動画で勉強したいという方はこちらも見てみてね！ 画像付きで学べるよ！

https://www.youtube.com/watch?v=1PAQ72Gjm8k&t=755s

Chapter 5

沖ノ鳥島が陸地化する！「サンゴ増殖プロジェクト」の話

日本最南端にある沖ノ鳥島が地球温暖化の影響で水没しかけているって聞いたんだけど……。

今後水没するとされているのは事実だけど、自然の力を借りて島を陸地化するプロジェクトが進められているんだ。

すごい！ それじゃあ沖ノ鳥島も面積が拡大するってこと!?

その可能性は十分にあるよ！ そしたら、沖ノ鳥島を陸地化する「サンゴ増殖プロジェクト」についても見ていくよ！

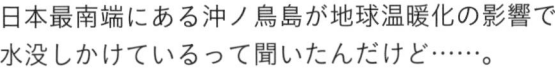

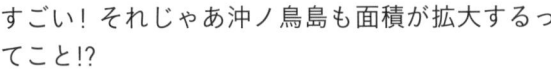

日本最南端に浮かぶ孤島「沖ノ鳥島」

満潮時にはほぼ水没する小さな島

大陸棚の話で出てきた沖ノ鳥島は、東京から南に1740km、直近の硫黄島からも720kmも離れた日本最南端の島（位置はP.67参照）。**満潮時には島はほぼ水没**しており、北小島が16cm、東小島が6cm顔を出すのみです。これらの島が波で完全に水没してしまわないように、コンクリートブロックで強固に守られています。

沖ノ鳥島はとても小さく見えますが、P.71の写真を見ればわかるように、実は**島自体はかなり大きい**んです。面積は**5.78㎢**で短径**1.7km**、長径**4.5km**もあります。これは東京ディズニーランド12.5個分の大きさです。陸地部分は隆起したサンゴ礁でできているため、島を水没の危機から守る「サンゴ増殖プロジェクト」が着々と進んでいます。

この島で進む「サンゴ増殖プロジェクト」とは

人工的にサンゴを増やし島の水没を防ぐ

地球温暖化の進行により、21世紀中には海面は最大82cm上昇するとされています。そのため、満潮時は海面上に十数cmしか顔を出していない沖ノ鳥島は**このまま何もしなければ水没**してしまいます。沖ノ鳥島が水没した場合の損失は計り知れません。

沖ノ鳥島はたった1島で**40万㎢の排他的経済水域**を維持しています。これは日本の国土面積（37万7900㎢）よりも広い範囲です。しかも、沖ノ鳥島があることで先ほど説明した四国海盆海域が延長大陸棚として認められましたし、九州パラオ海嶺南部海域も沖ノ鳥島に基づいています。さらに、島の周辺にはコバルトリッチクラストなどの海底資源、カジキマグロやカツオなどの豊富な水産資源もあり、沖ノ鳥島がいかに日本にとって重要な島なのかがわかると思います。

沖ノ鳥島の水没は、こうした日本の国益を守るためにも絶対に避けなければなりません。こうして現在行われているのが**「サンゴ増殖プロジェクト」**です。これはどんなプロジェクトなのでしょうか。

沖ノ鳥島は海底火山の上にサンゴ礁が隆起してできています。今も島には大量のサンゴ礁があります。サンゴ増殖プロジェクトとは、これらのサンゴの成長を人工的に促し、隆起のスピードを上げることで島を陸地化させる計画です。増殖計画は水産庁が主体となり実行しています。

沖ノ鳥島に生息しているサンゴ礁を採取し、それを沖縄県に持ち帰り、人工育成して産卵させる。産卵したサンゴの赤ちゃんを6〜10cmくらいまで育ててから、

提供：国土交通省 京浜河川事務所

また沖ノ鳥島に移植することでどんどんサンゴ礁を増やしていく計画です。

島では陸地の元となるサンゴや有孔虫の生息状況、さらには潮の流れを調べ、サンゴ礁内に防波堤を作ることでサンゴの破片や有孔虫が堆積し、自然の陸地ができやすい環境にします。**2012年には初めて人工移植したサンゴの産卵に成功**しました。2016年までに沖ノ鳥島に植え付けられたサンゴは10万群体を超えています。2022年１月には完全人工飼育下でのサンゴの産卵に成功といったニュースも出ており、着々と研究が進んでいます。

人工移植によりサンゴ礁の生まれ変わりが激しくなれば、サンゴの死骸などが島に堆積し、島はどんどん大きくなっていきます。沖ノ鳥島は水深が深いところで５mほど、浅いところでは数十cmなので、**数十年で陸地化することは可能**と考えられています。似たような例ですが、沖縄県の南大東島では台風により有孔虫やサンゴの破片などが堆積し、一晩で砂浜が誕生したなんていうこともありました。

日本最南端の島が陸上に顔を出す日が非常に楽しみですね！

※サンゴ増殖プロジェクト・沖ノ鳥島リニューアル工事について動画でも学べます。
https://www.youtube.com/watch?v=DGOPwFe09Ck

資源編

Chapter 6

日本近海に眠る巨大油田「第7鉱区」の話

日本の明るいニュースは地理に関することだけじゃないよ！ 資源だってたくさんあるんだ。

そうなの？ 日本は資源のない国だって学校でも教わったよ。

確かに今は資源の大部分を海外に頼っているけど、そんな現状を大きく変える希望が海の中に隠れているんだ。

え！ そんなこと全然知らなかったよ。もっと詳しく教えて！

もちろん。まかせて！ 地理編で話した大陸棚も関連するから、思い出しながら聞いてね。

天然ガスがサウジアラビアの10倍！日本に眠る巨大油田

日本を産油国に変える「第7鉱区」とは

日本は資源に乏しい国。ほとんどの方はこのように認識をしていると思います。確かに、今現在は**原油や天然ガスなどのエネルギーをほとんど海外から輸入**しています。特に石油の依存度は高く、**99.7%（2019年）を海外に依存**しています。LNG（天然ガス）も97.7%（2019年）、石炭も99.5%（2019年）になります。特にウクライナ戦争が起きてから日本の中東への石油依存が高まり、95%を同地域から輸入しています（2022年末）。

このように他国に大きく依存している状態では、政情不安による影響をもろにくらいかねません。実際に、ウクライナ戦争で政情不安のロシアからは原油5.4%、LNG8.3%、石炭12%を頼っています。

しかし、このような他国依存の状況はこれからどんどん変わっていくことでしょう。日本の海には**サウジアラビアの10倍の天然ガスを抱える超巨大海底油田が**あるのを知っていますか。それは「**第7鉱区**」と呼ばれる場所で、沖縄県の北、九州南西の東シナ海にある海底油田です。米ウィルソン研究所の分析によると、第7鉱区のある大陸棚全体で天然ガスの埋蔵量は**約175兆〜210兆立方フィート**と推定されています。これは**サウジアラビアの10倍の埋蔵量**です。また、原油埋蔵量も**1000億バレル**と推定され、1ドル140円（2022年9月）で計算した場合、その経済価値は**1450兆円**にも上ります。これは世界第2位の原油生産国である**サウジアラビアの3分の1**に相当する埋蔵量です。世界埋蔵量ランキングではアラブ首長国連邦（978億バレル）を超えて第8位の石油埋蔵量になります。日本が一気に**中東並みの産油国になれる**だけの量が眠っているんですね。

日本の化石燃料輸入先（2019年）

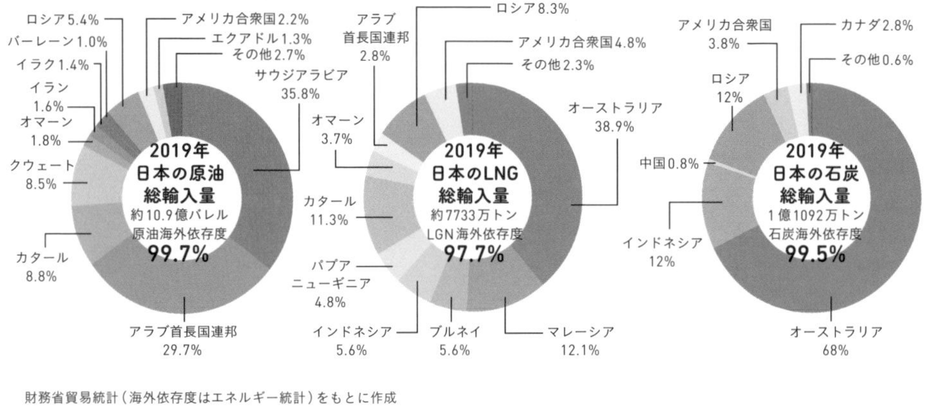

財務省貿易統計（海外依存度はエネルギー統計）をもとに作成

未来のカギを握る 第7鉱区をすぐに開発しないわけ

2018年から日本は産油国になれる

日本にも莫大な量の原油が眠っている事はおわかりいただけたかと思います。では、なぜこの原油の採掘はすぐに始まらないのでしょうか。それはお隣**韓国とのある協定があるため**です。

1970年1月、当時の韓国の朴《パク》正《チヨン》熙《ヒ》大統領は突然第7鉱区の領有を宣言しました。当時は1969年に国際司法裁判所により下された北海大陸棚事件の判決が基準とされており、海の境界線は国と国の等距離の中間線ではなく、領土の自然な延長である海底の**大陸棚を根拠としていた**ため、日本側には不利な立場でした。大陸棚が境界線とされた場合、韓国は第7鉱区をほとんど独り占めできたのです。当然、これに日本側は反発。しかし、前述の北海大陸棚事件では韓国側に有利な大陸棚基準が採用されていたため、当時は韓国の主張に筋が通っており日本側は対応に苦慮していました。

国際社会でも韓国側の主張が有利とされる中、日本は韓国に対し共同開発を提案しました。当時の韓国には単独で油田を開発できるような技術がなかったため、開発利益は折半になりますが、韓国側にとっては有意義な提案でした。また、日本は韓国に経済援助を行っていたため、経済援助の停止もちらつかせました。結局、韓国側が日本の提案に乗り、**1978年に日韓大陸棚協定を締結**しています。この協定により、第7鉱区の**単独開発はできなくなりました**。日本側は協定を締結した後の1980年代に「採算がとれない」として、開発を中断しています。そこから現在まで進展はありません。現在では韓国が独自開発する技術はあるようですが、**日本側が動かないため何もできない**といった状況です。

そして、日本にとって追い風が吹きます。1985年のリビア・マルタ大陸棚事件を契機として、向かい合う2国間においては**海の境界線は中間線を根拠とする**ことが国際基準となりました。この判決によりこれまで韓国が主張していた大陸棚自然延長説が古いものとなり、**等距離の中間線が世界標準**となりました。この基準は排他的経済水域においても同様です。これにより、50年の協定期間満了後（2028年）には第7鉱区は**ほぼすべての領域が日本のもの**となります。そのため、日本政府は現在も動いていないと考えられています。これが、日本がすぐに開発を始めない理由です。これに対して韓国は「日本に資源を独り占めされる」と反発しています。日本の1人勝ちのような状況ですから当然ですね。2028年以降、日本が産油国になるのが非常に楽しみですね。

第７鉱区は日本を産油国にする可能性を秘めているんだ。10年後の日本は今と大きく変わった国になっているかもしれない。イラスト付きで勉強したいという方は以下のYouTube動画も参考にしてね！

https://youtu.be/Ul_EPxMg0-A

Chapter 7

日本どころか世界を変える「南鳥島レアアース泥」の話

すごい！ 天然ガスはサウジアラビアの10倍で石油は中東並みの量だなんて。日本が産油国になるなんて考えもしなかったよ。

驚くのはまだ早いよ、子羊くん。日本にはまだまだ海底資源がある。それもこの第7鉱区に匹敵するレベルの資源が。

うわ、資源貧国だった日本に対するイメージがどんどん変わっていく。

じゃあ、またプラスの内容で上書き保存をしていこうか！

中国一強はもう終わり。南鳥島レアアース泥

レアアースは最先端産業に欠かせない

皆さんはレアアースをご存じでしょうか？

レアアースはスカンジウム・イットリウム・ランタノイドなどの全17種類の希少金属のことを言います。電気自動車や風力発電、医療技術やスマホ・パソコンなど、最先端産業に必要不可欠な素材です。また、軍需産業にも不可欠であるため、**国の安全保障問題に大きくかかわる資源**になります。

しかし、この希少金属は世界生産の61％（2021年）を中国が占めており、レアアースの中でも特に希少価値の高い重レアアースは中国でしか採れません。さらに、他国で採れたレアアースも中国で加工しているため、実質的には**8割以上が中国がいないと成り立たない状況**になっており、中国中心のサプライチェーンが形成されています。まさに世界のレアアース覇権を中国が握っている状況です。

このように1国に生産が集中しているのは非常に悩ましい問題です。現に2010年に尖閣《せんかく》諸島沖で日本の海上保安庁と中国漁船の衝突事件（正確には中国側が日本側に体当たりをした）が発生した際には、中国は実質的な報復措置として日本やアメリカにレアアースの輸出規制を行ったこともありました。

中国の20倍！奇跡の超高濃度レアアース泥が見つかる

2013年、中国一強の現状を根底から打破する衝撃的なニュースが流れました。

日本最東端の**南鳥島で超高濃度レアアース泥が発見された**のです。その濃度は7000ppm以上、太平洋での最高濃度が2230ppmですからその**3倍以上、中国陸上鉱床のレアアースの20倍以上**の濃度でした。しかも、質だけでなく量も規格外で、EEZ内の有望海域（2500㎢）だけで埋蔵量は1600万t、世界需要の数百年分でした。これは現在の世界の埋蔵量ランキングでも中国・ベトナム・ブラジルに次いで**4位**に躍り出る量です。さらに、有望海域2500㎢の中の特に濃度の濃い**最有望海域（105㎢）に限っても国内需要の50年～800年分**が眠っているとされています。

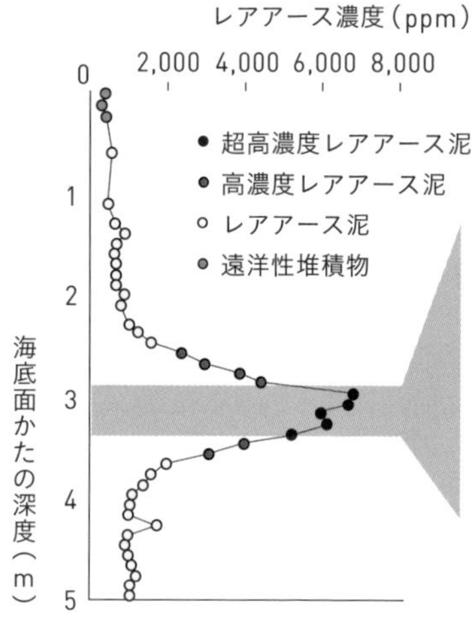

神戸大学の資料をもとに作成

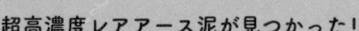

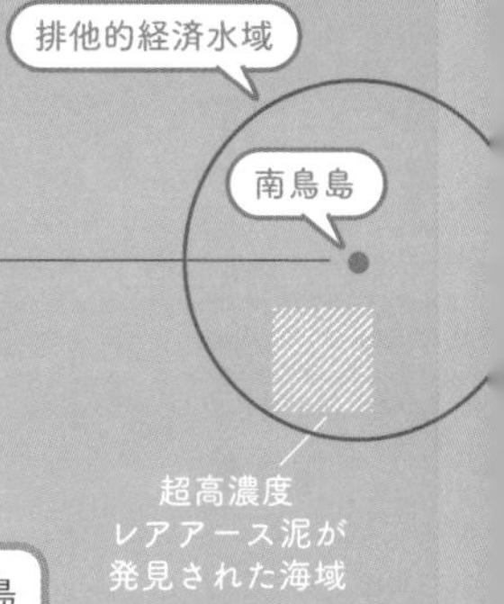

超高濃度レアアース泥が見つかった！

南鳥島

日本の最東端の島である南鳥島は、父島から東南東に1300kmの位置にある。正三角形の形をしており、面積は1.51㎢と小さい。一般住民はおらず、現在は海上自衛隊や気象庁の人員らが常駐している。

写真：PPS通信社

とんでもない埋蔵量が眠っている！

有望海域の埋蔵量を素材ごとに見てみると、電気自動車のモーターの磁石などに使われるジスプロシウムは世界需要の**730年分**、合金や磁気ディスクに使われるテルビウムは**420年分**、蛍光体などに使われるユウロピウムは**620年分**、蛍光体やレーザーに使われるイットリウムは**780年分**も存在しています。

繰り返しになりますが、これは排他的経済水域**42万㎢中たったの2500㎢の有望海域だけの埋蔵量**です。ですので、排他的経済水域全体ではかなりの埋蔵量になることが予想されます。間違いなく**ぶっちぎりで世界トップの埋蔵量**で、世界中のレアアース需要をここで賄えるぐらいの量が眠っていてもおかしくありません。

ここまででもとんでもない品質・量のレアアースであることはおわかりいただけたかと思います。しかし、すごさはこれだけではありません。南鳥島レアアースがなぜ中国一強をぶっ壊し、世界の勢力図を変える力があるのかよくわかるはずです。まだまだたくさん強みがあるので一つ一つ見ていきましょう！

南鳥島のレアアース泥が分布する地域

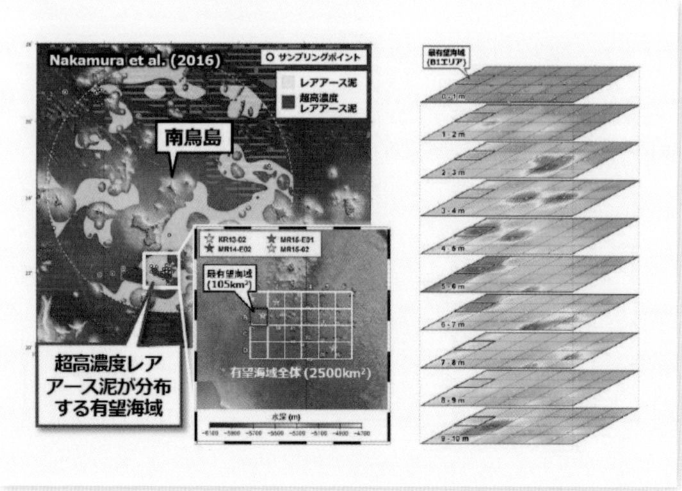

出典：東京大学加藤泰浩研究室（Nakamura et al.（2016）およびTakaya et al.（2018）を一部改変）

南鳥島レアアース泥が「すごすぎる」5つの理由

1 濃度を上げやすい

南鳥島レアアースは非常に濃度を上げやすいという特徴があります。先ほど、「濃度は7000ppm以上あり、これは中国陸上鉱床のレアアースの濃度の20倍以上」と説明をしましたが、実はさらに濃くすることができます。南鳥島レアアースは、20μm（マイクロメートル、1μm=0.001㎜）以上の粒の大きな泥を中心にレアアースが高濃度で含まれていることがわかっています。ですので、20μmを基準にふるいにかけるだけで、レアアースを高濃度で抽出することが可能です。特に魚の骨や歯を核とする塊である生物源リン酸カルシウムには、レアアースが1万5000～2万ppmの濃さで濃集していることがわかっています。このように、南鳥島レアアースではどこにレアアースがあるのか明確な特徴があるため、大きい粒だけふるいにかければ簡単に選別が可能ですぐに濃度を上げられるという特徴があります。

極めつけは、遠心力で分離をするハイドロサイクロンの存在です。この遠心分離機を使い、レアアースの平均的な濃度を6030ppmまで高めることに成功しています。将来的に生物源リン酸カルシウムだけを完全分離する方法を確立すれば、濃度は約50倍まで高めることができるとされています。分離は基本的に海底で行いますので、技術が進歩すればするほど、揚泥コスト削減にもつなげることが可能です。仮に50倍まで上げた場合、揚泥量を1/5～1/2まで大幅に減らすことができます。

ハイドロサイクロンの特徴

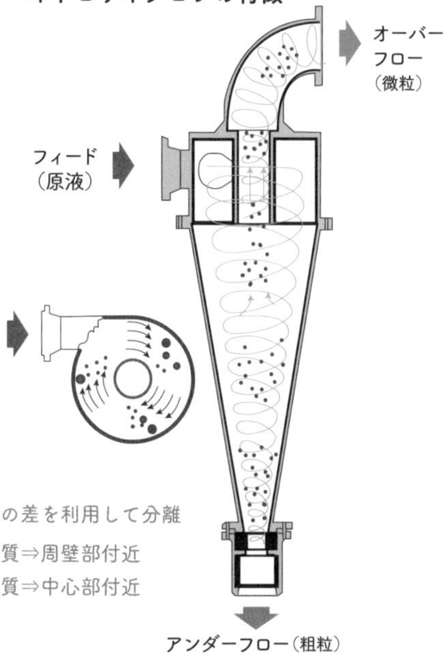

出典：東京大学、加藤泰浩研究所
1日でも早い南鳥島レアアース泥開発のため、東大基金にご協力ください。https://utf.u-tokyo.ac.jp/project/pjt124

❷ 探すのも採るのも簡単

南鳥島レアアース泥は、海底の浅い部分に**水平な地層として広く分布している**ため、見つけるのが簡単です。下の左図のようなピストンコアという筒状の採泥器を使用し、**32㎞四方（1000㎢）の泥を採るだけ**でどこにレアアース泥が分布するのか探査することができます。簡単に見つけられるので、**探査に要する費用も大幅に節約することができる**んですね。

泥を採取した後の選別も簡単で、船上で薄い塩酸や薄い硫酸に浸すだけで抽出が可能です。抽出後の泥に水酸化ナトリウムを加えると、酸が塩に変化し無害化できます。この無害化した泥は埋め立て資材に使用したり、建築資材に再利用したりすることができ、実際に南鳥島の拠点整備に使われる予定です。

❸ トリウムやウランなどの放射性元素を含まない

トリウムやウランといった**放射性元素を含まない**点も、南鳥島レアアース泥の強みです。陸上鉱山で採取するレアアース泥には、大量の放射性物質が含まれています。そのため、中国では深刻な環境汚染が発生していますが、中国政府はこれを無視して開発を続けており、レアアース採掘現場付近の住民には深刻な健康被害がもたらされています。

南鳥島レアアース泥にはこのような放射性物質が含まれておらず、その値は**身の回りの岩石よりも低く**なっています（下の右図参照）。環境に負荷がないということは**環境対策に要するコストを削減できる**ので、その分、経済性が向上するというわけです。

そして、南鳥島レアアースが分布しているあたりは固有種が生息しておらず、採取による**生態系破壊を起こす心配もありません**。一時的に開発をしても、すぐに生物が戻ってくると考えられています。この点も環境に負荷がなく、対策コストの削減につながります。

ピストンコアのイメージ図

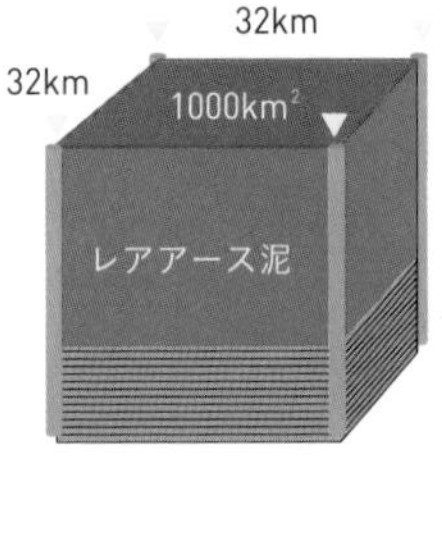

トリウム・ウランの含有量を比較した図

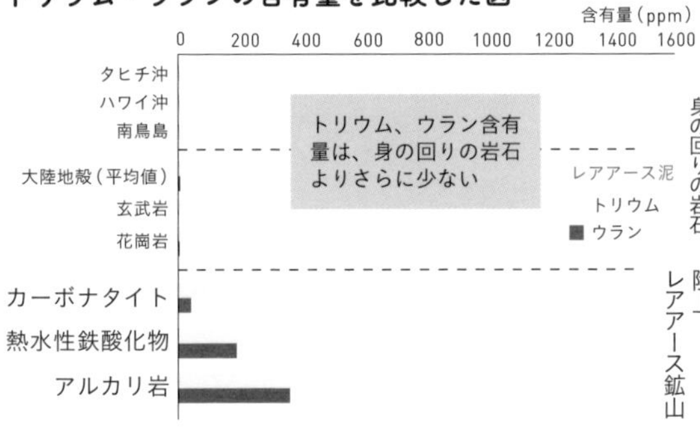

東京大学の資料をもとに作成

❹ 重レアアースを多量に含む

レアアースには、軽レアアース（セリウムやユウロピウムなど）と重レアアース（テルビウムやジスプロシウムなど）の2種類が存在します。そのうち、重レアアースは特に希少価値が高く、世界中でも中国南部鉱床でしか採取できません。つまり、**中国の独占状態が続いていました**。

南鳥島レアアースは**この均衡を破る**ことになります。というのも、**超高濃度の重レアアース泥が存在する**ことが判明したからです。中国南部鉱床の重レアアース濃度が25％なのに対して、南鳥島レアアース泥の濃度は**50%**もあり、中国の2倍の濃度を誇ります。これで量や質も圧倒的で環境対策コストもかからないのですから、どの国も手も足も出ないのは火を見るよりも明らかです。

❺ 重レアアースとスカンジウムが採れる世界唯一の場所

スカンジウムは金属の一種ですが、何に使われているのかわからないという方もいるかと思います。スカンジウムはアルミニウム・スカンジウム合金やアルミニウム・マグネシウム・スカンジウム合金など、高い性能を持つ新合金や燃料電池に使用されています。**航空宇宙産業や自動車産業に不可欠な新素材**であり、これからの時代、ますます重要性が増している金属です。しかし、スカンジウムの世界の年間供給量は約15tしかありません。

南鳥島レアアースにはこのスカンジウムが大量に含まれており、その埋蔵量は最有望海域（105㎢）だけで、なんと**世界供給量の2400年分**です。これだけ埋蔵されていれば、日本がスカンジウム大国になることも可能です。先ほど紹介した重レアアースとスカンジウムが両方含まれているのは、世界で**南鳥島レアアース泥だけ**なんです。

南鳥島と中国南部鉱床のレアアース比較表

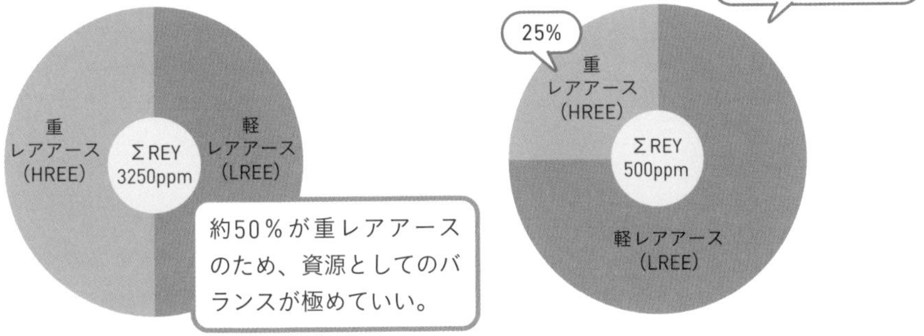

東京大学の資料をもとに作成

急激に進む中国のレアアース開発と日本の現状

レアアースをめぐる日中の競争

　中国一強を打破するレベルの南鳥島レアアース泥。当然、中国も黙っていません。中国は近年、世界中で**レアアース開発を進めており**、南太平洋やインド洋、そして南鳥島付近の公海上のレアアース泥も開発しています。さらに、海底の泥を吸い上げる浚渫《しゅんせつ》技術も世界一です。このままのペースで中国の開発が進むと、**2030年代には日本は中国との開発の差を埋めることが不可能となり、二度とレアアース覇権を握るチャンスはない**であろうと言われています。

　この状況を憂慮してか、最近は日本でも開発に向けた動きが目立ちます。例えば、鉱業法の整備です。これまでレアアースは開発する権利である鉱業権の対象外であったため、諸外国に許可なく開発されてしまうリスクがありました。これを**鉱業法で開発対象とした**ことで、政府の許可がない開発は取り締まれるようになりました。日本の民間企業が鉱区を設定できれば、自ずと技術開発が進むと予想されます。また、準政府機関であるエネルギー・金属鉱物資源機構（JOGMEC）の探鉱費用への出資の上限が、**50%から75%**へ引き上げられました。開発には大きなリスクが伴うため、費用負担をJOGMECが担えば民間企業のリスク軽減につながります。さらに、今後はJOGMEC等が蓄積する探査データも活用し、民間企業の探査リスクも大幅に改善されるものと考えられています。

　いかがでしたでしょうか。南鳥島レアアース泥は日本を「レアメタルの国ジパング」にする宝物です。しかし現在、世界のレアアース供給は完全な中国一強です。レアアースは軍需産業にも行きつくため、現在の状況は好ましくありません。実際に日本は2010年に尖閣諸島沖での漁船衝突事件を契機に、中国側に輸出規制をされた過去があります。結局、世界貿易機関（WTO）への提訴で日本は勝訴して事なきを得ましたが、まさに**自国産業の生殺与奪を他国に握られている状況**です。そして、2022年11月には**政府が南鳥島レアアース泥開発に乗り出す**と報道されました。2023年には採掘法確立に向けた技術開発に着手し、5年以内に試掘が行われます。また、国が供給確保に関与する「特定重要物資」にレアアースも指定される方針です。さらに2028年以降には、民間企業が開発に参加できるように体制を整えるようです。

　少し遅すぎる感は否めませんが、国がようやく重い腰を上げたことで10年後の日本は果たしてレアアース大国となれるのか。今後の開発からも目が離せません。

※画像付きで解説したYouTube動画はこちら。
https://www.youtube.com/watch?v=Y3W5C26F8nQ&t=814s

Chapter 8

深海に集中する黄金資源「海底熱水鉱床」の話

南鳥島のレアアース泥は、想像の何十倍もすごかった。今のところ世界のどこにもないことがよくわかったよ。

まさに日本は「黄金の国ジパング」ならぬ「レアメタルの国ジパング」なんだ。

日本が資源大国というのがよくわかったよ。
いつも新しい知識をありがとう、ひつじさん。

どういたしまして。だけど日本の海底資源はまだまだあるよ！ 続いて海底熱水鉱床について見ていくよ！

火山大国の恩恵「海底熱水鉱床」とは

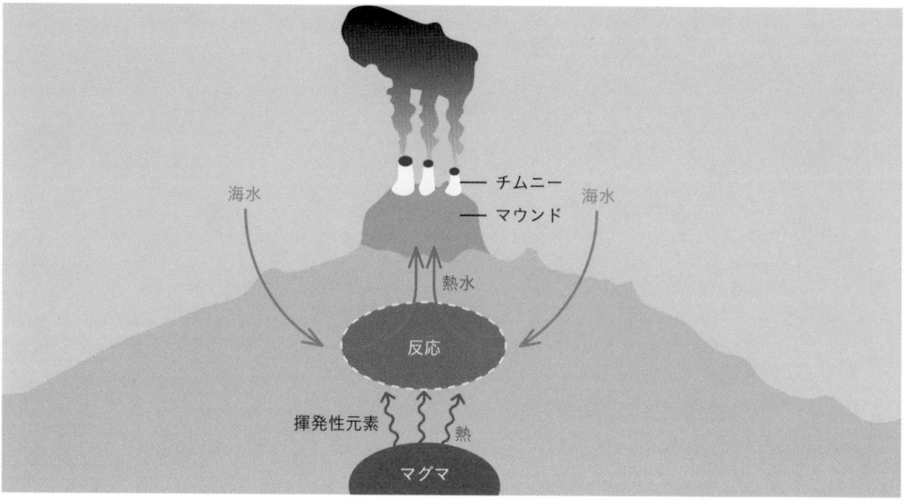

海上保安庁の資料をもとに作成

火山大国・日本にある豊かな資源

海底熱水鉱床とは、その名の通り海底にある鉱床のこと。地下のマグマに熱せられて海底から湧き出た熱水が、周囲の海水で急冷され、冷えた熱水から析出した物質が沈殿することで鉱床になります。この鉱床には、金・銀・銅・亜鉛などの有用な金属資源が含まれています。

実は日本は世界有数の**海底熱水鉱床大国**。次ページの地図にもあるように、日本中の海に熱水鉱床が分布しています。

しかも、これは現在判明しているだけの分で、実際にはなんと**200カ所以上あると推定**されています。経済価値は2005年〜2007年時点の相場によると**80兆円以上**。これは日本の国内総生産（GDP）の**約6分の1**です。なぜここまで多数の熱水鉱床が日本にあるのでしょうか。それは日本が**世界有数の火山大国**だからです。

海底熱水鉱床ができるには、地下のマグマが必要です。日本付近には**地殻プレートが4つもあり**、プレート運動でたくさんのマグマが作られるため、鉱床群も日本の海底で多量にできているのです。世界を見ても、日本と同じような**プレート付近の火山地帯には熱水鉱床が集中**しています。少し話がそれますが、日本は火山大国であるがゆえに地震や噴火・津波といった災害が起こります。しかし、火山は熱水鉱床のように**大量の資源**をもたらしてくれるだけでなく、プレート運動や噴火で**国土を広げたり**、さらには温泉や美しい景観も作り出します。マイナスの印象が強い火山ですが、私たちに多**くの恵みをもたらしていたん**ですね。

それでは、次に日本にある主な鉱床について見ていきましょう。

日本の海底熱水床の分布

東青ヶ島海丘
明神海丘
スミスリフト
ベヨネース海丘
（白嶺鉱床）
水曜海山
若獅子カルデラ
南奄西海丘
天美サイト
銀水サイト
伊平屋海嶺（野甫《のほ》サイト）
田名《だな》サイト
伊是名海穴（Hakureiサイト）
比嘉《ひが》サイト
球美《くみ》サイト
鳩間《はとま》海丘
ごんどうサイト
第四与那国海丘

日本に点在する主な熱水鉱床を見てみよう

海底熱水鉱床大国・日本には、どのような高品質な鉱床があるのでしょうか。ここでは特徴的なものを紹介していきます。

▼

伊是名海穴（Hakureiサイト）

伊是名海穴《いぜなかいけつ》は、沖縄県北西部に位置する直径6㎞のカルデラにあります。最深部の水深は6㎞です。ここは日本を代表する海底熱水鉱床で、その強みはなんといっても**資源量の多さ**です。2016年5月のJOGMECの発表では、資源量はなんと**740万t**と確認されています。伊豆小笠原にあるベヨネース海丘（白嶺《はくれい》鉱床）が10万tですから、かなりの量ですね。

ごんどうサイト

続いては、沖縄県の久米島沖にあるごんどうサイトです。ごんどうサイトは**銅の含有量が非常に多い**という特徴があります。次に説明する銀水サイトは全体の0.8%ですが、ごんどうサイトにはなんと13%も銅が含まれています。熱水鉱床の範囲も広く、南北1500m、東西300mに及びます。熱水鉱床で形成される煙突状の構造物であるチムニーの高さも20mほどもありました。

銀水サイト

銀水《ぎんすい》サイトは鹿児島県の沖永良部島《おきのえらぶじま》沖にある熱水鉱床で、水深1100mの海底に300m×100mの大きさで熱水活動域が分布しています。沖永良部島の神秘的な洞窟である銀水洞にちなんで、銀水サイトと名づけられました。この銀水サイトは資源の**含有量が非常に多く**、平均値で銅0.8％・鉛13.9％・亜鉛17.5％・金13.6g/t・銀1061g/tと、特に鉛・亜鉛・金・銀が豊富です。

そして、もう1つのすごさは巨大すぎるチムニーです。このチムニーがとんでもない大きさで、**高さ約30m**の巨大なものも見つかっています。濃度も高く、チムニーも巨大なエリアですから、銀水サイトでは活発に熱水が噴出していることがわかりますね。

高さ約30mの巨大チムニー

出典：JOGMEC

日本に点在する主な熱水鉱床を見てみよう

東青ヶ島鉱床

海底熱水鉱床が分布するのは、沖縄周辺だけではありません。伊豆・小笠原諸島周辺にもたくさんの熱水鉱床が分布しており、そのうち2015年に発見された東青ヶ島鉱床は、**金の濃度が非常に高い**ことで研究者たちを驚かせました。その濃度は**1tあたり17g**。世界の主要な金鉱山が1tあたり3〜5gですから、いかに金が多く含まれているのかわかります。

また、驚くべきは金の濃度です。金の濃度は一番高いもので**170ppm**もありました（他の金属の含有量は銅1.00％、鉛6.21％、亜鉛23.91％、銀1300g/t）。陸上の金鉱山では金濃度が数ppmあれば採算がとれると言われていますから、超高品質な金鉱脈であることは明らかです。こんなに高品質な鉱床が**東京都練馬区と同じ広さ、48㎢に広がっている**のですから驚きです。

海底熱水鉱床は通常1000〜3000mの深海に分布しており、水圧が高くなるため熱水温度も300℃ほどになるとされていますが、東青ヶ島鉱床の場合、水深はこれよりも浅い700m、熱水の温度も270℃ほどとなっています。研究者によると、これはちょうど**金が溶け出しやすい温度**だそうです。

この鉱床の金については「ラン藻」と呼ばれる藻をシート状にしたものを使い、吸着させることで回収を試みています。

天美サイト

金の濃度で研究者を驚かせた東青ヶ島鉱床に続いて、さらに高品質な鉱床・天美《あまみ》サイトが2020年に見つかりました。この鉱床は沖縄県周辺ではなく、鹿児島県の奄美大島周辺で見つかっています。**奄美大島周辺で海底熱水鉱床が発見されたのはこの時が初めて**で、この周囲にはさらに熱水鉱床が眠っており、**新たな鉱床の発見に期待が寄せられています**。さらに、鉱床の深度も沖縄海域の1000mと比較して、**500〜750mと非常に浅く**、他の鉱床よりも採掘しやすく、見つけやすいという強みがあります。

肝心な金属の含有量ですが、**金32.5g/t**、銀8322g/t、銅1.52%、鉛11.07%、亜鉛16.37%です。超高品質と言われていた**東青ヶ島鉱床と比べて、金の含有量はなんと2倍。銀の含有量は約7倍**という驚きの数字でした。しかも、水深は**最も浅いところで500m**と、こちらも東青ヶ島鉱床よりも優れています。東青ヶ島鉱床で金の吸着技術が確立したら、次に採取が始まるのはおそらくこの鉱床でしょう。

今後の続報が非常に楽しみな鉱床です。

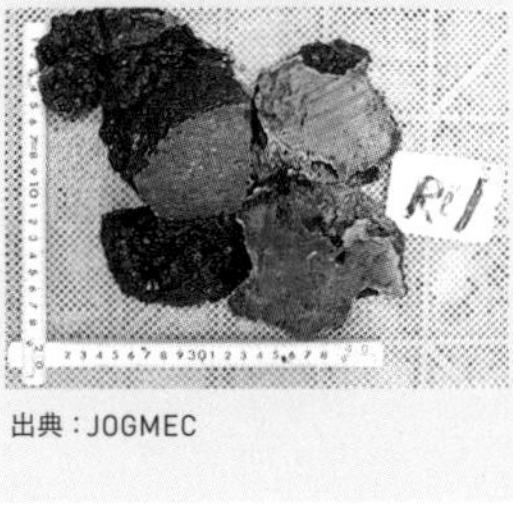

出典：JOGMEC

天美サイトと他のサイトの金属含有率比較表

サイト名／試料		銅	鉛	亜鉛	金	銀
		%	%	%	g/t	g/t
天美サイト	試料1	3.36	12.4	15.60	17.70	2820
	試料2	0.65	12.75	23.90	51.50	1135
	試料3	1.59	9.17	16.30	59.60	27514
	試料4	0.87	7.02	11.80	68.50	1910
	試料5	2.69	21.76	29.30	22.80	888
	試料6	0.40	4.52	4.32	3.37	258
	試料7	1.07	9.90	13.35	3.78	23729
	平均	1.52	11.07	16.37	32.5	8322
他サイト（沖縄海域）	球美サイト	4.70	7.60	6.00	2.90	842
	銀水サイト	0.80	13.90	17.50	13.60	1061
	田名サイト	3.70	8.14	24.01	3.90	525
	比嘉サイト	0.27	29.00	33.41	0.05	212
	ごんどうサイト	13.00	5.20	12.30	1.70	326
	野甫サイト	0.53	7.81	12.03	3.26	911
	Hakureiサイト	0.33	2.52	7.25	2.63	216

沖縄海域にある他サイトと比較してみると、天美サイトの金の含有量が「32.5g/t」と圧倒的に多いことがわかります。

出典：JOGMEC　※Hakureiサイト以外は分析に使用したサンプルの品位です。

世界で初めて採鉱・揚鉱の試験に成功！商業化への道

海底熱水鉱床は商業化が可能なのか

2017年にはJOGMECが採鉱・集鉱試験機を用いて海底1600mにある海底熱水鉱床を掘削し、連続的に洋上に揚げる**世界初の採鉱・揚鉱パイロット試験に成功**しています。この試験の成功は、海底熱水鉱床をはじめとする海洋資源開発技術の確立に向けた、大きな一歩であると言われていました。

しかし、現時点でも**商業化の目途はまったく立っていない**のが現実です。これは経済性を見出せるレベルの有望な鉱床が見つかっていないことや、技術革新が起きていないことが原因とされています。最後に、「海底熱水鉱床は本当に採算がとれて商業化されるのか」について考えていきましょう！

試算シミュレーションを見てみよう

「海底熱水鉱床は、一体いつになったら開発されるの？」と疑問に思っている方もいると思います。確かに経済産業省の開発スケジュールでは、2022年までに商業化などを行うための総合的な検証や評価をする予定になっていますが、続報はまったくありません。

しかし、実態を見ると**商業化の可能性はそろってきている**ように思えます。ここからはJOGMECが発行している「海底熱水鉱床開発計画総合評価報告書」を参考に見ていきましょう。

平成30年（2018年）に発行された評価報告書では、開発に大型船と中型船を使うケースAと、大型船のみ使用するケースBに分けて試算がされています。ケースAでは835億円の赤字、ケースBでも1543億円の赤字と**どちらのパターンでも赤字**になっています。

そして、次ページにあるのはちょっと難しそうな表ですが、JOGMECは2017年の金属価格をもとに、経済性についての試算を行っていました。これらの表を見る前に押さえておきたいのが、海底熱水鉱床が商業化するためには、以下の3つの状況がよくなることが必要ということです。

①金属価格が上がること
②技術が進歩すること
③より価値の高い有望な鉱床が発見されること

そのため、P.92とP.93の表は「金属価格」「採掘コスト」「鉱床の経済価値」を基準として作られています。

表1　金属価格、採鉱システムのCAPEX/OPEXおよび最終累計CFの関係

累計CF（億円）		採鉱システムのCAPEX/OPEX 100%	95%	90%	85%	80%
金属価格	100%	-834.94	-606.22	-377.51	-148.80	79.91
	105%	-533.33	-304.62	-75.90	152.81	381.52
	110%	-231.72	-3.01	225.70	454.41	683.13
	115%	69.88	298.59	527.31	756.02	984.73
	120%	371.49	600.20	828.91	1,057.62	1,286.34
	125%	673.09	901.80	1,130.52	1,359.23	1,587.94
	130%	974.70	1,203.41	1,432.12	1,660.83	1,889.55

表１は2017年時点の金属価格と採鉱コストを基準として、それぞれがどのくらい改善すれば経済性がとれるのか表したものです。まとめると「金属価格が10％ほど上がり、採掘コストも10％ほど下がれば、ようやく225億円の黒字になる」と書かれています。現状のままでは赤字ということですね。

表2　10%経済価値の高い海底熱水鉱床が見つかった場合

累計CF（億円）		採鉱システムのCAPEX/OPEX（10%経済価値の高い鉱石） 100%	95%	90%	85%	80%
金属価格	100%	-238.23	-9.52	219.20	447.91	676.62
	105%	93.54	322.25	550.96	779.67	1,008.39
	110%	425.30	654.02	882.73	1,111.44	1,340.15
	115%	757.07	985.78	1,214.49	1,443.21	1,671.92
	120%	1,088.83	1,317.55	1,546.26	1,774.97	2,003.68
	125%	1,420.60	1,649.31	1,878.03	2,106.74	2,335.45
	130%	1752.37	1,981.08	2,209.79	2,438.50	2,667.22

表２は2017年時点の金属価格や採掘コストを基準にして、2017年当時よりも10％経済価値の高い海底熱水鉱床が見つかった場合の試算です。表を見ると赤字になるエリアはだいぶ減りました。金属価格が５％上がれば採掘コストに変化がなくても採算がとれる試算です。試算した当時と何も状況が変わらない、かつ５％しか採掘コストを下げられない場合以外は、すべて黒字になっています。

出典：JOGMEC「海底熱水鉱床開発計画総合評価報告書」

表3　20％経済価値の高い海底熱水鉱床が見つかった場合

累計CF（億円）		採鉱システムのCAPEX/OPEX（20%経済価値の高い鉱石）				
		100%	95%	90%	85%	80%
金属価格	100%	358.48	587.19	815.90	1,641.32	1,870.04
	105%	720.40	949.12	1,117.83	2,033.41	2,262.12
	110%	1,082.33	1,311.04	1,539.76	2,425.50	2,654.21
	115%	1,444.26	1,672.97	1,901.68	2,817.58	3,046.30
	120%	1,806.18	2,034.90	2,263.61	3,209.67	3,438.38
	125%	2,168.11	2,396.82	2,625.54	3,601.76	3,830.47
	130%	2,530.04	2,758.75	2,987.46	3,993.84	4,222.56

金属価格や技術レベルがそのままでも黒字！

表3は、2017年時点の金属価格や採掘コストを基準にして、**2017年当時よりも20％経済価値の高い海底熱水鉱床が見つかった場合の試算**です。この場合は何も変化がなくても黒字となります。

表4　30％経済価値の高い海底熱水鉱床が見つかった場合

累計CF（億円）		採鉱システムのCAPEX/OPEX（30％経済価値の高い鉱石）				
		100%	95%	90%	85%	80%
金属価格	100%	955.19	1,183.90	1,412.61	1,641.32	1,870.04
	105%	1,137.27	1,575.98	1,804.70	2,033.41	2,262.12
	110%	1,739.36	1,968.07	2,196.78	2,425.50	2,654.21
	115%	2,131.45	2,360.16	2,588.87	2,817.58	3,046.30
	120%	2,523.53	2,752.25	2,980.96	3,209.67	3,438.38
	125%	2,915.62	3,144.33	3,373.04	3,601.76	3,830.47
	130%	3,307.71	3,536.42	3,765.13	3,993.84	4,222.56

最後の表4は、2017年時点の金属価格や採掘コストを基準にして、**2017年当時よりも30％経済価値の高い海底熱水鉱床が見つかった場合**の試算です。この場合も何もせずとも955億円も黒字になります。**最大では4222億円の黒字**ですから驚きです。

出典：JOGMEC「海底熱水鉱床開発計画総合評価報告書」

金属価格は上昇傾向にある

試算シミュレーションをまとめると、**より希少価値の高い鉱床が見つからない場合は、金属価格の若干の上昇や多少の技術革新が必要。10％以上希少価値の高い鉱床が見つかれば、金属価格や技術レベルにほぼ変化がなくても採算が取れる**ということが読み取れます。

では、2022年末現在ではどうなっているのでしょうか。先ほどお話しした3つの採算がとれるかどうかの基準について、検証していきたいと思います。

まずは「金属価格」についてです。実は**数年前よりも状況がよくなっています。**先ほどの表の基準となった、2017年の金属価格と2022年末の金属価格を一覧にまとめたものが表5です。

表を見ると、**すべての金属で価格上昇が起きており、**さらに**金・銀・銅・亜鉛は5年間で40％以上の急激な価格上昇が起きています。**鉛も7％上昇しており、全体としては45.82％の価格上昇が起きています。前ページの表4を見ると金属価格が30％上がった場合、採掘コストの削減を何もしなくても約955億円の黒字、**2022年末は45％上がっていますから黒字幅はさらに大きくなるはずです。**

表5　過去5年間での金属価格推移表

	2017年	2022年	変化率	変化率（全体）
金	4534円/1g	7532円/1g	＋166.1％	＋45.82％
銀	61円/1g	90円/1g	＋147.5％	
銅	692円/1kg	1152円/1kg	＋166.4％	
鉛	259円/1kg	277円/1kg	＋106.9％	
亜鉛	324円/1kg	461円/1kg	＋142.2％	

コスト削減のため着々と技術開発が進んでいる

続いて、採掘コストが削減できているのかについて。こちらについては目立った情報はありませんでしたが、地味に技術開発が進んでいます。最近の主な発表をまとめていくと、世界で初めて採鉱・揚鉱パイロット試験に成功（2017年）、亜鉛の精鉱（鉱物から不要なものを除去して、有用成分の割合を高めること）品位で目標の40％・実収率70％をクリア、東青ヶ島鉱床でラン藻を使って金を効率的に回収する技術を開発※1（2022年〜）などのニュースがありました。

今後、海底で熱水鉱床を選別する技術やレアアースなどとの複合開発により、他の海底資源技術も応用していくことで大幅な技術革新が起きることを願います。

近年、有望な熱水鉱床が見つかっている

最後は「経済価値の高い鉱床」が見つかったかどうかについて。結論から言うと、これは見つかっていると言えそうです。P.90で紹介した「天美サイトと他のサイトの金属含有率比較表」にも記載されているように、近年はどんどん有望な海底熱水鉱床が見つかっています。先ほどの表1〜表4の試算表はHakureiサイトをもとに作られています。このサイトは巨大で資源の量も多いのですが、品質がそこまでよくありません。銀水サイトや天美サイト、東青ヶ島鉱床など、**Hakureiサイトよりもさらに有望な鉱床が続々と見つかっており、より経済価値の高い鉱床が発見されている**と言えます。

しかし、落とし穴として、Hakurei鉱床の品位が低いのは、121カ所以上から鉱石を採取した平均品位である一方、他のサイトは**ピックアップして分析した試料の品位**になります。そのため、今後平均品位がわかった場合は今より品位が低下すると思われますが、それであっても東青ヶ島鉱床や天美サイトは金・銀などがかなりの高品位であるだけでなく、熱水鉱床が非常に浅い位置に分布しており採取がしやすいという強みもあるので、有望鉱床である可能性は高いです。

以上の検証結果をまとめると、2022年現在では5年前よりも金属価格が上がり、ちらほらと有望な鉱床も見つかっているため、**採算がとれる可能性が高い**と考えられます。あとは技術革新のスピードが少しゆっくりな気もするので、さらに資金を投入し、官民一体で早急に進めていただきたいものです。日本には海底熱水鉱床だけでなく、他にもたくさんの海底資源がありますから、開発をしても絶対に損はないはずです！

※1　ラン藻を使って金を効率的に回収する技術を開発：先ほど紹介した東青ヶ島鉱床ではラン藻を使用した金の回収技術が進んでいます。技術開発はIHIやJAMSTECらにより進められています。ラン藻とは藻の一種で、金を選択的に吸着させる特徴があります。これを粉末状にした後にシートに加工したもので、吸着率を上げることに成功しました。ラン藻シートはただ海底に沈めておくだけで金を吸着できますので、熱水鉱床の近くに沈めておけば、コストをかけずに効率的に資源の回収が可能です。2022年現在は、東青ヶ島鉱床にて金の回収実験を行っている最中です。

海底熱水鉱床については動画でも
解説しているよ！
ラン藻による金の吸着実験など
画像付きでより詳しく知りたい
という人は以下の動画を参照してね！

https://youtu.be/KlaKc6-yS_c

Chapter 9

まだまだある！「日本の海に眠るお宝たち」の話

日本は決して資源貧国ではなく、むしろ資源大国という事実についてわかってくれたかな。

うん！ 正直ここまで資源があるなんて知らなかった！ ちゃんとお金が儲かるのかとか、まだ技術がないとかで動けていないだけなんだね！

そうなんだ。国には目先の利益にとらわれず、もっと大胆にプロジェクトを進めてほしいね！

日本国のためにも、一国民としてそうなることを僕も願っているよ！

ここまでたくさんの資源を紹介してきたけど、日本にはまだまだ海底資源があるんだ。次は、代表的なコバルトリッチクラスト・マンガンノジュール・メタンハイドレートについて紹介していくよ！

スマホなどに欠かせない「コバルトリッチクラスト」

コバルトリッチクラストとは？

コバルトリッチクラストとは、北西太平洋（日本付近の海域）の水深1000～2500mに存在する希少金属を含む資源です。山の斜面を厚さ５～20㎝くらいのアスファルトで覆ったような形で存在しており、**コバルト以外にもニッケルやプラチナ・チタンなどを含んでいます。**海水に含まれる鉱物などが長い時間をかけて付着してできるもので、成長スピードは100万年で１～６㎜しかありません。よって、海洋プレートの古い部分に行けば行くほど多く存在すると言われています。**日本付近の北西太平洋にコバルトリッチクラストが集中している**のは、このような理由があったんですね。

コバルトリッチクラストにたくさん含まれているコバルトは、リチウムイオン電池の正極材や次世代蓄電池、スマートフォンの材料として不可欠です。リチウムイオン電池の世界市場は2035年に26兆4000億円となる予定で、これは2020年の8.5倍です。

日本付近で続々と見つかる！

重要なコバルトをたくさん含むコバルトリッチクラストは、南鳥島付近の**拓洋《たくよう》第５海山で大量に見つかっていました。**拓洋第５海山の平頂部は東京都と同じくらいの2200㎢の面積を誇り、ここの一帯やそれよりも深い山の斜面にコバルトリッチクラストが広がっています。

そして、2017年には**千葉県沖の拓洋第３海山でも、コバルトリッチクラストの埋蔵が確認**されました。拓洋第３海山は本州から350㎞に位置する島で、調査では深海1400～5500mの５地点において探査が行われ、調査した斜面一帯がすべて分厚いコバルトリッチクラストで覆われていることが判明しました。さらに、これまでで最大級の**13㎝に達する超分厚い**ものもあり、調査地点の平均的な厚さも**５㎝を超え**ています。これほどの大量のコバルトリッチクラストの山が、千葉県沖に存在していたんです。350㎞は本州から伊豆諸島の青ヶ島に行くのと大

写真：PPS通信社

体同じくらいの距離で、船でも東京から13時間くらいで行けてしまいます。

冒頭にも述べたように、コバルトリッチクラストは生成されるのに長い年月が必要です。日本付近の北西太平洋は地殻年齢が2億歳を超えるものも存在し、世界で最も古い地殻と言っても過言ではありません。そのため、**北西太平洋の古い岩石露頭のほぼすべての場所で、コバルトリッチクラストが発達**していると研究者は考えています。拓洋第3海山の発見はそれを強く裏付けるものでした。

拓洋第3海山、拓洋第5海山の位置

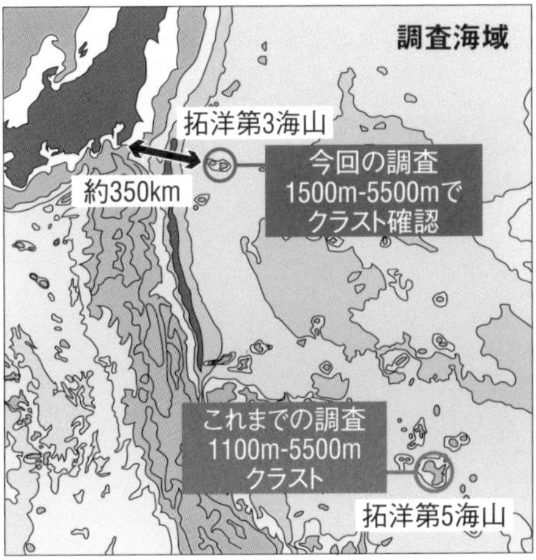

JOGMECの資料をもとに作成

日本以外でも採れるエリアはたくさん！

コバルトリッチクラストが日本のEEZ内に大量にあることは事実ですが、政府は**太平洋上の公海においても広い鉱区を獲得**しています。日本は2014年1月、北西太平洋の公海にある6つの海山を対象に、国際海底機構に鉱区の申請を行い、同月、**世界で初めて探査契約を締結**しました。エリア面積は神奈川県よりも広い3000㎢に及び、そこで日本は**15年間にわたる開発の排他的権利を得る**ことに成功したわけです。探査契約が切れる前に採掘を開始してほしいものですね。

商業化に向けて開発を進行中

日本は2020年には南鳥島近海の**拓洋第5海山にて、世界で初めてコバルトリッチクラストの採取に成功**しています。また、掘削だけではなく、掘削機械を深海の砂地や斜面などで走行させる試験にも成功しています。結果として、1回あたり50〜200kg、何度も引き揚げて**合計649kgのクラストの採取に成功**しました。経済産業省が発行した開発スケジュールを見てみると、資源量調査や採鉱・揚鉱、選鉱・精錬、環境影響評価の研究を進めていき、**2028年には商業化の可能性を追求**するとあります。

つまり2028年までに、開発を進める価値があるかどうかを判断するということです。民間企業が参加し、実際に商業化されるのはもう少し後になると考えられます。

コバルトを大量に含む「マンガンノジュール」

出典：千葉工業大学

マンガンノジュール（マンガン団塊）

マンガンノジュールとは？

続いてはマンガンノジュールについて。マンガンノジュールは直径2〜10㎝の黒い球状の塊で、水深4000〜6000mの深海に分布しています。魚の骨などを核とし、そこに海水中の金属などさまざまな成分が付着して大きくなったものです。成長速度は非常に遅く、**100万年で1㎜ほどしか成長しません**。この塊には、銅やニッケル、コバルトが最大1％ずつ含まれており、貴重な海底資源として注目されています。**レアアース泥の次に採取がしやすい**とも言われていますが、深海にあるので簡単にはいかないのが現状です。レアアース泥の採掘技術が確立すれば、このマンガンノジュールの採取にも生かせるだろうと考えられています。

前項のコバルトリッチクラストと同様にマンガンノジュールも南鳥島付近に分布しています。南鳥島は本当に宝の島ですね。2016年、JAMSTECなどは南鳥島EEZ内で大量のマンガンノジュールを発見しました。見つかったマンガンノジュールの量は、**470万t**。これは**国内需要の300年分**にも及びます。調査を行った海域は南鳥島EEZ（43万㎢）のうち、15万5000㎢です。1/3の海域でこれだけの埋蔵量ですから、全体ではさらに多くのマンガンノジュールが眠っていることが予想されます。すさまじい量ですね。

特にマンガンノジュールを採りやすい密集域は6万1200㎢に及びます。これは四国と九州を合わせた面積よりもさらに巨大です。黄金の国ジパングとは南鳥島のことを表していたのかもしれません。

マンガンノジュールの強みと分布域について

南鳥島マンガンノジュールには、埋蔵量以外にもさまざまな強みがあります。

Strong Point 1　コバルトを大量に含んでいる
Strong Point 2　採取がしやすい
Strong Point 3　環境に優しい

1つ目はコバルトを大量に含んでいることです。コバルトは先ほども説明しましたが、リチウムイオン電池やスマホなど、次世代技術の開発に不可欠な材料です。コバルトは現在、世界供給の70％をコンゴ民主共和国が占めており、政情不安のある国ですから世界的にリスクのある供給体制となっています。さらに、中国がその内の35％の権益を確保し、コバルト生成品の生産シェアの8割も中国が占めています。南鳥島マンガンノジュールはこのような状況を打破し、日本や西側諸国をはじめとした供給不安を解消する可能性を秘めています。

2つ目は採取がしやすいという点です。これは先ほども少し触れましたが、塊の状態で海底に転がっているため、掘削や選鉱などの必要がなく、引き揚げればいいだけなので、海底熱水鉱床やメタンハイドレート（P.103）など、他の海底資源と比較すると採りやすいという特徴があります。

3つ目は環境に優しいという点です。マンガンノジュールは、レアアース泥と分布している領域が重なっています。周囲には固有種がいないため、採取を行っても生態系を破壊することはなく、すぐに生物が戻ってくると考えられています。このように環境負荷が少ないということは、環境対策コストがかからないということなので、開発においては有利な条件です。

マンガンノジュールの分布図

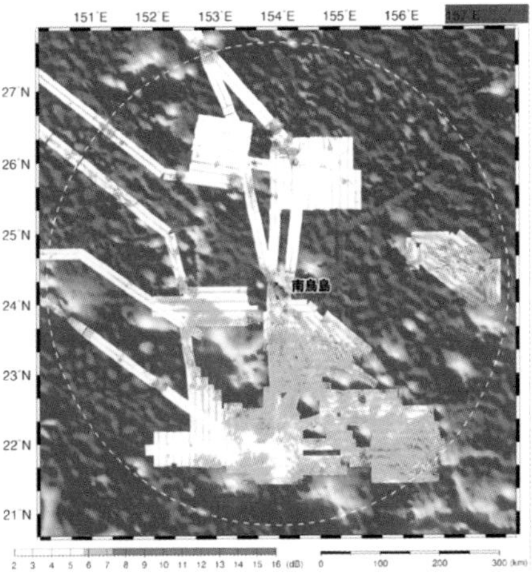

出典：千葉工業大学

マンガンノジュールの成因を解明！

マンガンノジュールがどのように作られたのか、JAMSTECなどの研究によりわかってきました。

マンガンノジュールは魚の骨などの核を中心に作られています。ノジュールの解析により、断面には何重にも分かれて層があることがわかりました。これは**南極付近から何度も南鳥島付近に深層海流が流れ込んできた**ことを意味しています。深層海流がコバルトなどの資源を運搬し、南鳥島南部の海山付近で大量のマンガンノジュールを形成していました。これにより、マンガンノジュールの分布域は**深層海流と同じルートを辿れば発見できる**ことがわかりました。

この発見により、日本付近のノジュール調査は急速に進展しそうです。続報が楽しみですね。

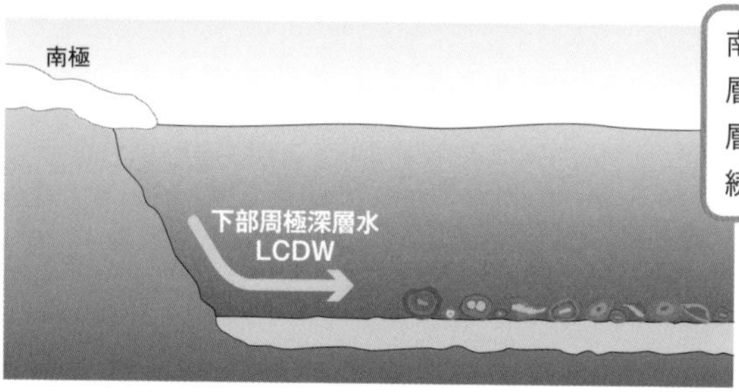

南極の周囲を流れる下部周極深層水から発生し北上した海洋深層水の海流が、ノジュールの断続的な形成開始を促した。

千葉工業大学の資料をもとに作成

日本が世界の新たな調達先となる!?

コバルトの世界生産の7割を占めるコンゴ民主共和国。コンゴには、世界全体の埋蔵量700万tの内、約半分の350万tが埋蔵されています。しかし、紛争など政情不安の多い国で、いつ供給が途絶えてもおかしくない状況です。さらに、現地では違法な児童労働が頻発しており、子どもが学校に行かずにコバルトの採取を行ったり、劣悪な労働環境で病人や死者が出ています。世界ではこうした違法労働で生産されたものは利用しないという取り組みが強化されており、今後はクリーンな生産が必要不可欠です。

その点、南鳥島マンガンノジュールやコバルトリッチクラストは、海底資源なので非常にクリーンで新しいコバルト供給元となりえます。しかも埋蔵量が凄まじく、今後は日本が世界有数のコバルト大国になる可能性も否めません。

ただ、南鳥島周辺で最初にマンガンノジュールが発見されたのが2016年ですから、まだ具体的な商業化の目途はついていません。レアアース泥と密集域も重なっていることから、**レアアース泥の後に商業化されていく**流れになるでしょう。開発の進展には、まず**世間の関心が重要**です。政府が重い腰を上げるよう、ぜひ友人にこの話題を共有してください！

莫大なエネルギーの源「メタンハイドレート」

写真：PPS通信社

メタンハイドレートとは？

最後は「燃える氷」と言われているメタンハイドレートについて。メタンハイドレートとは、メタンガスが水の分子と結びついてできた氷状の物質です。温度が低く、深海や永久凍土など圧力の高い場所に存在しています。

メタンハイドレートは、たった1㎥からなんと160倍の160㎥のメタンガスを取り出すことが可能です。それだけではなく、燃焼時のCO_2排出量は石油や石炭を燃やしたときよりも、30％ほど少ないという特徴もあります。つまり、莫大なエネルギーとして活用できるうえ、環境にも優しいという、これからの時代に欠かせないエネルギー源なのです。

メタンハイドレートがすごいわけ

たくさんのエネルギーを創出できる

燃焼時に排出する二酸化炭素が少ない

天然ガスの海外依存から脱却できる

この夢のエネルギー・メタンハイドレートですが、実は日本近海に大量に眠っています。埋蔵面積は現在わかっているだけでも**12万2000㎢**。それも海岸から非常に近い埋蔵域ばかりです。埋蔵量はなんと**12.6兆㎥**。これは日本の**天然ガス使用量の100年分以上**に相当します。将来的に利用されるメタンハイドレートは、回収率を1/3と想定すると**4.2兆㎥**。経済価値は、最低でも**120兆円を超える**とされています。2022年の日本のGDPが545兆円ですから、**その22%**を占めます。日本のエネルギー自給率は12.1%（2019年）と低い値ですが、これだけ大量に眠っている資源を活用できれば、**エネルギー自給率の上昇にも貢献**するでしょう。

また、下のグラフを見るとわかるように、日本の天然ガス（LNG）の海外依存度は97.7%と高く、ほとんどを海外に依存している状況です。メタンハイドレートを実用化できれば、国内需要を満たすだけでなく、海外への輸出も可能となるでしょう。資源エネルギー外交において不利な立場にある日本は、これによって立場が一変します。

ちなみに、経済産業省の資料を見ると、原油の海外依存度は99.7%（2019年）、石炭は99.6%（2019年）。日本のエネルギーは現在、ほぼ海外に依存している状態です。

日本の天然ガスのガス輸入先

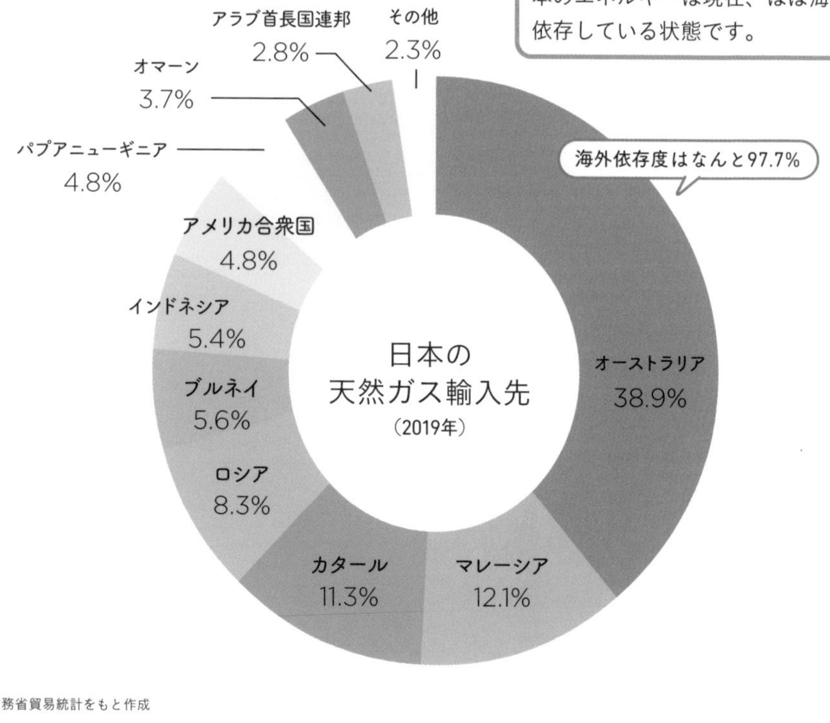

財務省貿易統計をもと作成

メタンハイドレートの種類と分布

メタンハイドレートには、**砂層型**《すなそうがた》と**表層型**の２種類があります。

砂層型メタンハイドレートは、主に太平洋側の東部南海トラフ付近にあり、海底面下200〜300mの砂層堆積層の中で砂の粒子の隙間を埋める状態で水平に広がっています。

表層型メタンハイドレートは、海底の表面に近い泥の中に塊状になっています。直径は数百mで深さは10mほどです。

産業技術総合研究所（産総研）によると、東部南海トラフのメタンハイドレートをすべてメタンガスに換算すると**1.1兆㎥**に及び、表層型メタンハイドレートは日本海側の海鷹海脚《うみたかかいきゃく》という地形の１カ所で**６億㎥**もあることが判明しています。

メタンハイドレートの分布図

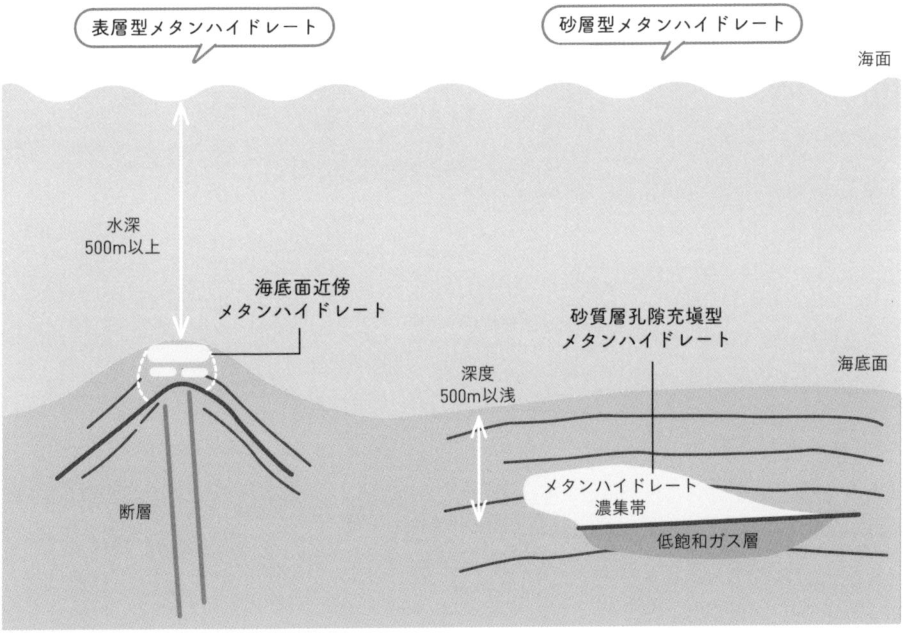

産総研の資料をもとに作成

続々と見つかるメタンハイドレート

日本では最近も続々と新しいメタンハイドレートが発見されています。

まず、2018年には紀伊半島沖の熊野灘泥火山※1で新たなメタンハイドレートが見つかり、海底調査では山頂から590mまでに**計32億㎥**のメタンハイドレートが確認されました。これは、これまで発見されていた海底泥火山のメタン量**10倍**に相当します。

特徴的だったのはその起源です。メタンハイドレートの起源は80％が地下熱で分解されてメタンを生成する「**熱分解起源**」でした。しかし、熊野灘沖では90％以上のメタンが、**海底の微生物を起源としていました**。日本のようなプレートが集まる場所では、沈み込んだプレートから塩分濃度の低い水が断層を通じて上昇します。この塩分濃度の低い水が微生物の活動を活性化させていました。こうしたメタンハイドレートの発見は**世界初**。微生物がメタンを作る仕組みを解明したことは、今後の資源探査にも大いに役立つでしょう。

※1　泥火山：地下深くの粘土が地下水およびガスなどとともに地表または海底に噴出し、円錐状に堆積した地形の高まり。

2021年末には**種子島沖の第15泥火山で新たなメタンハイドレートが見つかりました**。海底面下1mで20㎝に渡り2層のメタンハイドレートが存在。**琉球海溝でのメタンハイドレート発見は初のこと**。種子島沖ではこの第15泥火山と同じような海底泥火山が多数存在し、海底下でメタンハイドレートの存在を示す現象も観測されています。同地域では今後さらにメタンハイドレートが見つかっていくでしょう。

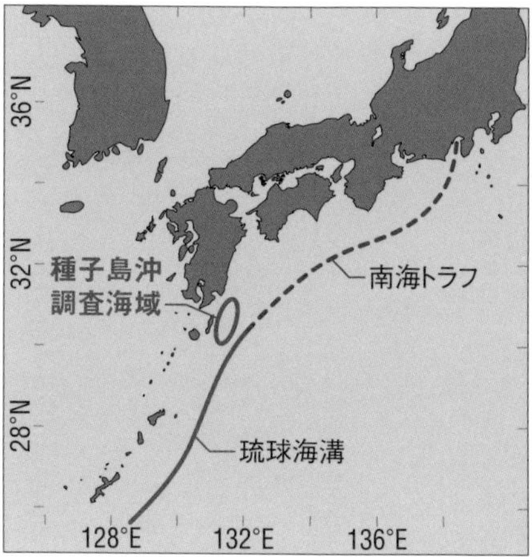

神戸大学の資料をもとに作成

メタンハイドレート開発の現状

日本が世界有数のメタンハイドレート大国であることはおわかりいただけたかと思いますが、開発状況はどうなっているのかも見ていきましょう。

砂層型と表層型のうち、**実用化が近いとされているのは砂層型メタンハイドレート**です。海底面下200〜300mで厚い地層に覆われており、採掘を行っても地盤が崩れにくく、さらに既存の石油や天然ガス採掘技術を応用できるためです。

現在は産総研で**減圧法**という技術が使われています。この技術は海底に井戸を掘り、その後、井戸の水をポンプでくみ上げることで井戸周辺の圧力を低下させます。メタンハイドレートは高圧下でしか存在できないため、圧力の低下によってメタンガスとなった状態で取り出すという仕組みです。

2013年には、世界で初めてメタンハイドレートの**海洋産出試験に成功**。南海トラフ水深1000mの砂層から、**6日間で12万㎥のガスを産出**しています。しかし、7日目にくみ上げるパイプが詰まり、作業を中止しました。2017年には2度目の海洋産出試験が行われ、36日間連続でガスの生産を行うことに成功しています。今後の予定としては、長期的な安定産出を行うために陸上産出試験が行われる予定で、2022年10月には米国のアラスカ州で実験に使用する井戸の掘削が開始されています。

一方で、開発が遅れているのは表層型メタンハイドレートです。表層型メタンハイドレートは海底面に近い場所にあることから、砂層型のような減圧法を使用することができません。また、メタンガスは二酸化炭素の25倍の温室効果があることから、漏れ出た場合には周辺への環境被害もあります。今のところ世界的にも開発実績がなく、そのため、こちらは現在、日本が主導して技術開発を行っています。

開発の遅れている表層型メタンハイドレートですが、産総研が2013年から3年間、日本海を中心に10海域で資源量把握に向けた調査をしたところ、**計1742カ所**で表層型メタンハイドレートが埋蔵されている可能性があることがわかりました。これを受けて2016年に回収技術の調査研究を開始し、2019年から研究開発が行われています。

2020年頃からは、大口径のドリルを使用した技術開発が行われています。「採掘」「揚収」「分離」の3項目に分類し、実証実験やシミュレーションが行われる予定です。まず大口径ドリルを用いた掘削技術の性能を把握するために、北海道北見市のオホーツク地域創生研究パークにおいて、メタンハイドレートと同じ強度を持つ大型氷を作製して削る、模擬地盤を用いて削るなどの実験を計画しています。採掘技術が確立して、さらに揚収や分離との組み合わせを検討していくことになるでしょう。

このように表層型よりも砂層型メタンハイドレートのほうが実用化に向けて進んでおり、**商業化も視野に入っています**。メタンハイドレートは**1日あたり15万㎥以上採れれば経済性がある**とされています。また、2028年頃までには「民間企業が主導する商業化に向けたプロジェクトの開始」を目指すとされていますが、はたして間に合うのでしょうか。経済産業省は「**この分野で我が国は世界をリードする**」とまで明言していますから、続報に期待しましょう！

エネルギー編

Chapter 10

CO_2が資源になる!?「メタネーション技術」の話

資源やエネルギーも今は他国に頼りっきりだけど、今後は変わってくるかもね！

そうだね！ だけど日本のすごさはまだまだこんなものじゃないんだ。子羊くんは「次世代エネルギー」を知っているかな？

それは最近テレビで見たよ！ 太陽光とか風力のような自然の力を利用して作る、再生可能で環境に優しいエコなエネルギーのことだよね。

よく知ってるね！ この分野でも日本は世界をリードしているんだ。ここからは、将来有望な3つの次世代エネルギーについて紹介していくよ。初めは「メタネーション技術」について！

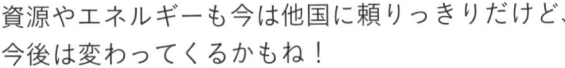

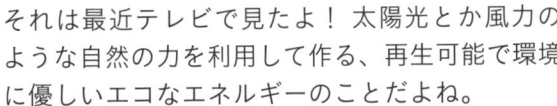

CO_2と水素からメタンを作る次世代技術

メタネーションが最強の資源である理由

メタネーション技術とは、工場などから出たCO_2（二酸化炭素）と水素をくっつけて天然ガスのメタンを作る次世代エネルギー技術です。メタンの合成に使用する水素も再生可能エネルギーから生成するので、ほとんどCO_2は出ません。工場などから排出されたCO_2でメタンを作り、それをエネルギー源として工場内で使用。排出されたCO_2でまたメタンを作るという風に循環させます。地球温暖化の原因になる厄介者のCO_2が資源になってしまうという夢の技術です。

これからの脱炭素社会に不可欠なメタネーション技術ですが、実は日本が世界を先導しています。政府は2030年には年間導入目標を１％と設定しており、2050年には90％まで引き上げる予定です。メタネーションが最強の資源である理由は、CO_2を出さないことだけではありません。具体的に見ていきましょう！

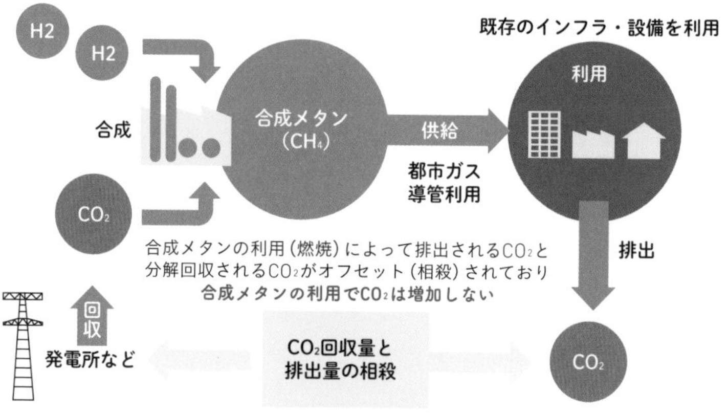

日本ガス協会「カーボンニュートラルチャレンジ2050　アクションプラン」をもとに作成

メリット① 既存のサプライチェーンを生かせる

日本は世界有数のエネルギー輸入大国です。2019年のエネルギー自給率は12.1％と非常に低く、OECD（経済協力開発機構）加盟36カ国中35位です。天然ガスも97.7％を海外からの輸入に頼っています。しかし、裏を返せば海外から輸入するためのサプライチェーン（供給網）が整備されているということ。これを合成メタンの輸入にも応用すれば、海外で安く大量に製造して日本に輸入し、製造コストを抑えることができます。後のデメリットでも触れますが、日本は再生可能エネルギーの普及が進んでおらず、水素の製造コストが高くなってしまうという弱みがあります。海外から輸入すれば、この弱みを補うことが可能です。

メリット② 既存のインフラを利用できる

メタネーションは、都市ガス配管をそのまま使えるので、導入コストを大幅に削減できます。大元のメタネーション製造設備を作れば、都市ガスへスムーズに移行可能です。埋設してある配管をすべて植え直すなんてとてもじゃないけどできないですよね。

メリット③ 災害に強い

災害にものすごく強いところも魅力です。下のグラフは、台風・豪雨災害が起きた際のインフラの被害件数をまとめたものです。縦軸は被害が起きた数で、横軸はそれぞれのインフラ設備を表しています。他のインフラ設備と比べて、都市ガスはほぼ0件ですね。また、台風・豪雨災害だけでなく、都市ガス管は**地震にも強く、多少の揺れでは損壊しません。**そして、大きな揺れを感知した際には二次被害を防止するための保安措置として緊急停止・安全確認が行われます。このような都市ガス配管の強みをそのまま生かせるわけですから、メタネーションは非常に**安全性の高い技術**であると言えます。

近年の台風・豪雨災害によるさまざまなインフラの支障件数

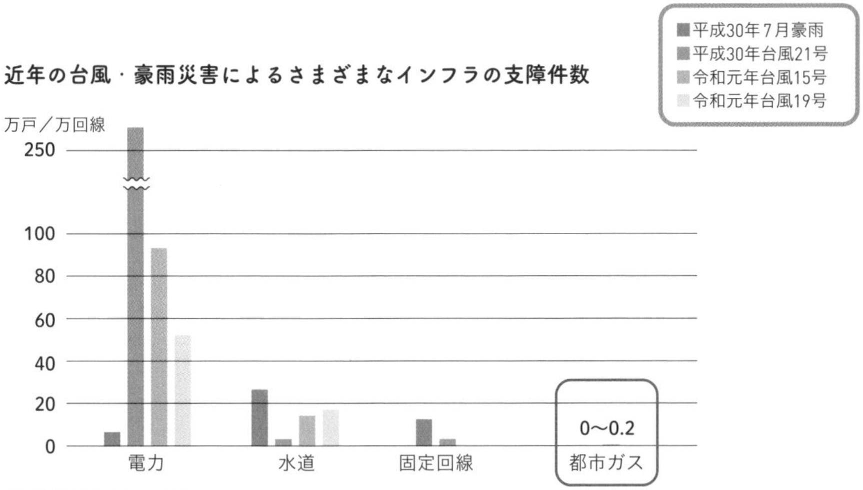

経済産業省の資料をもとに作成

メリット ④ 環境に優しい

下の図は、石炭を100とした場合に天然ガス(メタネーション)がどれくらいの温室効果ガスを排出するのかをまとめたものです。二酸化炭素は**約半分**、光化学スモッグや酸性雨の原因となる窒素酸化物は**4割以下**、そして、喘息や酸性雨の原因となる硫黄酸化物にいたっては排出量が**0%**です。メタネーションを実用化できた場合、CO_2を**合計8000万tも削減できる**と言われています。これは**日本全体のCO_2排出量の1割**に相当します。このように環境に非常に優しいため、これからの脱炭素社会ではとても価値のあるエネルギーであると言えます。

石炭を100とした場合の温室効果ガス排出量

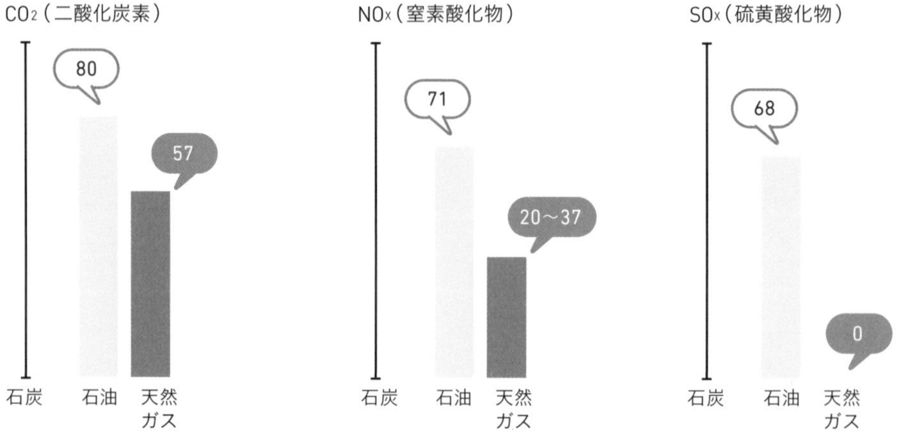

経済産業省の資料をもとに作成

メリット ⑤ 技術の輸出による経済効果に期待大

2016年に日本の日立造船グループが、世界最大級の合成メタンプラントの建設を行ったドイツのエトガス社を買収。さらに大阪ガスは、水素調達が不要で再生可能エネルギーの利用量を減らすことができる「SOECメタネーション技術」を開発しました。このように、**日本のメタネーション技術は現状、世界トップレベル**です。先行した技術は、**将来的に海外への輸出によって経済効果を生み出せます**。現に日本は地熱発電や石炭火力発電において世界のトップランナーであり、特に地熱発電においては、発電用タービンの**世界シェアの7割**を日本の3社が占めています。タービンの輸出や海外での工事受注によって、経済効果を生み出しているのです。

メタネーションのデメリット

次に、メタネーションのデメリットを3つ見ていきましょう。

▼

デメリット ① 合成メタンの製造コストが割高になる

日本の再生可能エネルギーの導入比率はたったの18％。これは施設整備や関連ビジネスの発達が遅れているためです。メタネーションに使う水素は再生可能エネルギーを利用して作るため、現状では高いコストがかかります。

コスト抑制のためには、技術革新で効率化が進むことや、固定価格買取制度のような仕組み作りが必要です。また、既存の天然ガス輸入サプライチェーンを利用し、海外で大量に安く作って輸入するのも有効です。技術革新が進むまでは海外で製造し、コストを抑えるのが得策でしょう。

デメリット ② 既存の天然ガスより製造コストが高くなる

メタネーションは生産工程が複雑な分、天然のガス田から採れるものと比較するとコストが割高になってしまいます。これも先ほどと同様に、技術革新を進めることでコストを下げることができるでしょう。経済産業省によると、2050年には1nom^3※1あたり40〜50円くらいまで価格を下げ、**現在のLNG価格と同水準にする**ことを目指しています。価格を下げるまではメタネーションの環境的な付加価値を押し出し、高くても買ってもらえるようにすることが普及のために必要です。

デメリット ③ 仕組みが整っていない

現状では、合成メタンを含むカーボンリサイクル燃料を燃焼した際のCO_2排出について、国際・国内の制度等における取り扱いが明確でなく、ビジネスとしての予見性が低い状態です。**導入するインセンティブがない**ので、普及の下地が整っていません。日本のメタネーション官民推進協議会では、2025年までに世界を主導してルール作りを進めるようです。

政府の合成メタン導入目標と他のエネルギーとの比較

	2030年	2050年
年間導入目標	1％	90％
合成メタン	4億㎥（28万t）	360億㎥（2500万t）
水素	16億㎥（14万t）	1440億㎥（1300万t）
CO2	4億㎥（80万t）	360億㎥（8000万t）

経済産業省の資料をもとに作図

※1　nom：ノルマルリューベイと読み、0℃・1気圧に換算した1㎥のガス量。

実用化に向けて世界中で導入が進む！

日本のさまざまな企業が開発を促進

日本では普及が進んでいないメタネーションですが、**世界ではますます広がっています**。

2021年12月、欧州委員会（EC）はガス市場に関する改正法案を発表し、2050年までには天然ガスを水素やバイオガス、合成メタンといった低炭素ガスに転換させる方針を打ち出しました。これはEU（欧州連合）が合成メタンをグリーンエネルギーと認めた初めての事例で、メタネーションの実用化に向けた大きな一歩です。

日本では政府がグリーンイノベーション基金※2から**242.2億円**を投じてメタネーション開発の支援を行うことを決定しています。また、**ガス版の固定価格買取制度**の導入についても、今後行っていく方向で検討中です。

そして、メタネーション開発を進める東京ガスは、2022年３月にメタネーション施設を稼働させました。この施設は12.5㎥/hのメタンを製造可能で、合成メタンの製造・利用における知見獲得のために活用されています。

さらに、先ほどご紹介したように、大阪ガスはエネルギー変換効率85〜90％を実現するSOECメタネーション技術を開発。投入する再生可能エネルギーの削減も可能で水素の調達も不要です。

他の日本企業の動きとしては、JERAが米国において事業の調査を実施。東京ガスや住友商事などはマレーシアにおいて事業可能性調査を、東京ガスや三菱商事は北米や豪州等における事業可能性の調査を行っています。

今後も世界中で日本の知見が生かされ、**メタネーション開発のトップランナーとしての地位がより強固になっていきそう**です。

メタネーションについて画像付きでより詳しく学びたいという方は、こちらの動画も参考にしてね！

https://youtu.be/1POSaNMPces

※2　グリーンイノベーション基金：NEDO（新エネルギー・産業技術総合開発機構）に創設された約２兆円の基金。「経済と環境の好循環」を作っていく産業政策であるグリーン成長戦略において、実行計画を策定している重点分野での企業等の取り組みに対して、10年間の継続的な支援を行っていく。

Chapter 11

エネルギー自給率300%!?
日本が誇る切り札「地熱」の話

日本は火山大国だから火山や地震が多いけど、メリットもあって、国土が拡大したり資源もたくさん生まれたりしているんだよね。

そうだね。物事にはいい面と悪い面の両方がある。悪いことだけなんてあり得ないからね。

ひつじさんからは新しい知識以外にも大切なことを学べている気がする！

そしたら、火山大国・日本の次なるメリット「地熱」についても紹介していくよ！

火山が多い日本は世界有数の地熱資源大国！

地熱において日本はかなりのポテンシャルを持つ

日本は世界有数の火山大国です。プレートが4つも集中している世界でも地理的にかなり珍しい国で、地震や噴火が頻発しています。災害大国ではありますが、その分、資源や国土拡大、豊かな自然や景観、温泉などのメリットも存在することはすでに述べてきた通りです。しかし、メリットはまだあります。それがこの章で紹介する「地熱」です。

地下にたくさんマグマがある分、地下の温度も高くなり大量の地熱資源が存在します。日本の地熱資源量は2347万kWにも及び、これはアメリカ・インドネシアに続いて世界3位の量です。アメリカは国土面積が日本の26倍、インドネシアは5倍以上であることを考えると、日本の地熱資源量はかなり多いことがわかります。

しかし、一方で地熱発電設備の容量では2021年末時点で61万kWとかなりの低容量です。世界に誇る莫大なポテンシャルを持ちつつも、十分に資源を生かせていないのが現状と言えるでしょう。

世界の地熱資源量、地熱発電設備容量ランキング

国名	地熱資源量（万kW）	地熱発電設備容量（万kW）
アメリカ合衆国	3000	372
インドネシア	2779	186
日本	2347	61（2021年末時点）
ケニア	700	68
フィリピン	600	193
メキシコ	600	92
アイスランド	580	71
エチオピア	500	1
ニュージーランド	365	98
イタリア	327	92
ペルー	300	0

小スペースで大量の発電を可能にする「地熱資源」

地熱エネルギーを発電に利用する

地熱資源とは、地下3000mくらいまでに蓄えられた地熱エネルギー。地下の熱水を掘り当て、その蒸気を利用して発電用タービンを回すのが基本的な仕組みです。

地熱発電の発電方式には、フラッシュ式やバイナリー式があります。フラッシュ式は、200℃以上の高温の蒸気でタービンを回して発電する方法。バイナリー式は、水の沸点よりも低い100℃以下のお湯などを利用して、沸点の低いアンモニアなどを蒸発させて発電する方法です。日本にはバイナリー発電に適した場所が多く、これが全国に普及した場合、なんと原子力発電所8基分に相当する電力を半永久的に賄うことができます。しかも、バイナリー式発電はコンビニ1軒分くらいの小さなスペースで運用が可能。まさに、これからの時代に大活躍するであろう発電方法です。

ちなみに、原子力発電所1基分の発電量は100万kW。太陽光発電で同じ電力を賄うには58㎢（山手線の内側面積くらい）も太陽光電池を敷き詰める必要があります。風力発電なら214㎢も必要で、これは山手線の内側の3.4倍ほどの面積です。この原子力発電所が8基分ですから、相当な発電量ですよね。

既存の各発電における「必要な敷地面積と設備利用率」

	原子力発電	太陽光発電	風力発電
必要な敷地面積	約0.6km² 原子力発電所の敷地面積の合計を稼働基数（54基：2010年1月時点）で割った場合 	約58km² 山手線の内側面積とほぼ同じ 	約214km² 山手線の内側面積の約3.4倍 
設備利用率	70～85%	12%	20%

九州電力の資料をもとに作成

フラッシュ式の仕組み

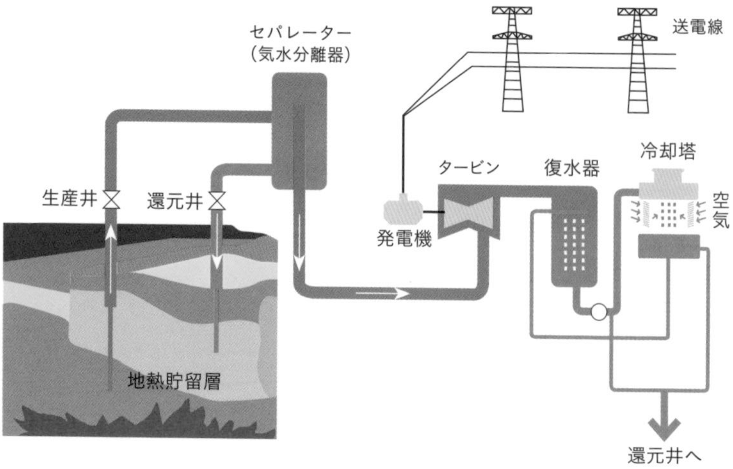

200℃以上の地下熱の高温蒸気でタービンを回して発電します。

バイナリー式の仕組み

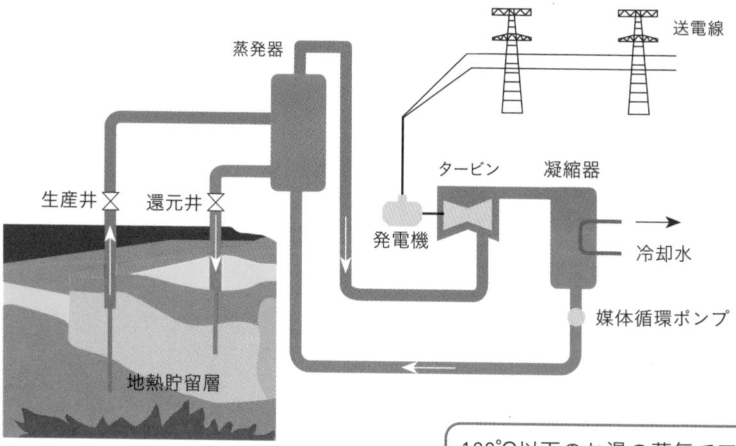

100℃以下のお湯の蒸気でアンモニアなど沸点の低い液体を蒸発させ、その蒸気でタービンを回して発電します。地熱貯留層から取り出すことのできる蒸気が少なく熱水が多い場合に用いられます。

日本地熱協会ホームページをもとに作成

地熱発電のメリット

地熱発電の仕組みや日本が持つポテンシャルについては
おわかりいただけたかと思いますが、実はいい面もあれば悪い面もあります。
ここからは公平な視点でメリットとデメリットについて
見ていきたいと思います！

▼

メリット ① 温室効果ガスの排出が少ない

地熱発電のCO_2の排出量は**他の再生可能エネルギーよりもさらに少なくなっています。**

住宅用太陽光発電は1kWhあたり38g、事業用太陽光発電は1kWhあたり58.6g、風力発電は1kWhあたり25.7g。対して、地熱発電は1kWhあたり**13.1g**です。このことから圧倒的に**環境に良く、脱炭素社会に適したエネルギー**であることがわかります。

メリット ② 安定供給が可能

地熱資源は、プレート運動が続く限り**枯渇することはありません。**地下の熱は天候や時間帯に影響を受けず常に一定ですから、**半永久的に発電できる**ということです。無尽蔵・安定ですから、一度開発してしまえば、ベースロード電源[※1]として利用できます。

※1　ベースロード電源：コストが安く、昼夜を問わず安定的に使用できる電力源。

メリット ③ 資源量が非常に豊富

これは冒頭でも触れましたが、**資源量が非常に豊富**です。日本の地熱資源量は2347万kWもあり、世界3位。ちなみにこれは150℃以上の資源に限った量で、120〜150℃では110万kW、53〜120℃では850万kWもあります。これらの**低温のものも含めると3307万kW。**さらに莫大な資源量を抑えています。

メリット④ 非常に高い発電効率

発電効率が非常に高いというのも特徴です。発電効率とは、エネルギーを電力に変換できる割合のこと。同じ再生可能エネルギーの風力発電が20〜23％、太陽光発電は14％なのに対して、**地熱発電は83％**もあります。**稼働年数も40年**と長く、他の再生可能エネルギーよりも効率よく運用することが可能です。

各再生可能エネルギーの設備稼働率と稼働年数一覧表

発電方法	設備稼働率	稼働年数
風力（地上）	20〜23％	20年
地熱	83％	40年
一般水力	45％	40年
小水力	60％	40年
バイオマス（混焼）	70％	40年
太陽光（メガ）※1	14％	30年
太陽光（住宅）	12％	30年

※1　メガソーラー：出力が1メガワット（1000kW）を超える大規模システム。

ここまでメリットを見てきて、あらためて地熱発電のすごさがわかったよ！

そうだね。でも、デメリットもあって、実は非常に手間とコストがかかる資源なんだ。じゃあ早速、次のページから見ていくよ！

あ、それと地熱発電についてイラスト付きの動画で勉強もできるよ！ 興味のある方は以下のYouTube動画を参考にしてね！

https://youtu.be/PipBasSeN7s

地熱発電のデメリット

では、今度は、地熱発電を開発するうえで
大きな障壁になっているデメリットを3つ紹介していきます。

▼

デメリット ① 開発コストが高い

地熱発電開発は、非常に手間とコストがかかります。地表調査や掘削調査に3～5年、噴気試験等で1～2年、環境評価や事業化判断で2年、その後、実際の開発や設置で1～3年と、最大で12年ほどかかります。地熱の場所を探すなど、実際に開発可能とわかるまで5年以上かかるようでは民間企業も手を出せません。

地熱資源の開発プロセス

個別地点での調査・探査・開発〈開発事業者主体（JOGMECが支援）〉

初期調査（地表調査／掘削調査） 3～5年
・地質調査
（地形・地下構造・熱）
・掘削調査（温度・蒸気・熱水）

→ 探査事業（噴気試験等） 1～2年
・蒸気・熱水量を確認

→ 事業化判断

→ 環境アセス 2年
・7500kW以上が対象
（一部例外）

→ 開発事業（発電設備の設置等） 1～3年
・生産井・還元井掘削
・発電設備設置

経済産業省の資料をもとに作成

デメリット ② 自然の景観を損ねる可能性がある

日本国内の地熱資源は80%が国立公園内などの自然公園内に存在しています。そのため、自然を守るためにさまざまな法規制が課せられています。しかし、東日本大震災以降、国も地熱資源の重要性を認識し始め、法の規制緩和が進んでいます。

また、開発できる場合でも温泉事業者等の反対があり、交渉が必要なケースがあります。実際には日本企業は環境や景観に対する十分な配慮を行っており、開発は非常に安全に行われています。この点については周知を徹底することで国民の認識を変えていく必要があります。

デメリット ③ 立地条件が限定される

地熱開発は**火山の近く、フラットな地形が必要**であることから、立地が限定されてしまいます。日本だと北海道や東北・九州に集中することになりそうです。

2030年の導入目標に向けて日本全体が動き出す

JOGMECの支援内容を見てみよう

政府は、地熱開発において「2030年には150万kWを開発する」としています。現在は約59万kW（2020年３月）ですから約３倍です。無謀な目標に見えますが、国は達成のためにさまざまな施策を進めています。まずはJOGMECが実施している支援事業について見ていきましょう！

地熱発電の導入目標

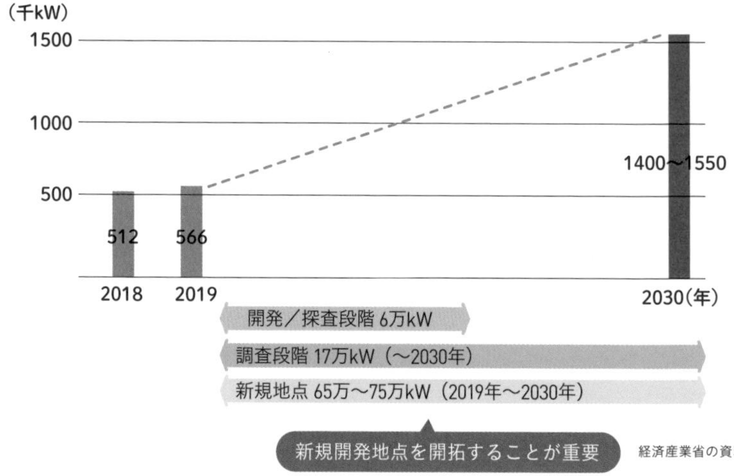

経済産業省の資料をもとに作成

支援内容 ① 助成金の交付

先ほども触れましたが、地熱資源開発は非常に**手間とコストがかかります**。開発までの期間も長くリスキーなため、民間企業が参入しにくくなっているのです。JOGMECはこうした状況を変えるべく、**初期調査（地表調査・掘削調査）の支援を開始**しました。2014年以降、すでに約**200件のプロジェクトに助成金が交付さ**れています。

支援内容 ② 出資・債務の保証

地熱資源探査に必要な資金の**最大50％を企業に出資**したり、掘削設備や発電設備の設置費用を金融機関から借りる場合に**債務を保証**したりする制度です。

支援内容③ 地熱資源のポテンシャル評価

日本には多くの地熱資源が存在するものの、地形が急で植物が密に発達していることからアクセスが難しく、いまだに十分な調査が行われていないところが複数存在します。そこで、JOGMECはヘリコプターを使用した**電磁波によるポテンシャル調査**を実施し、**調査結果を民間企業に提供**しています。急峻《きゅうしゅん》な地形での調査が省けるため、開発への大きな後押しとなっています。

ヘリコプターを使用したポテンシャル評価

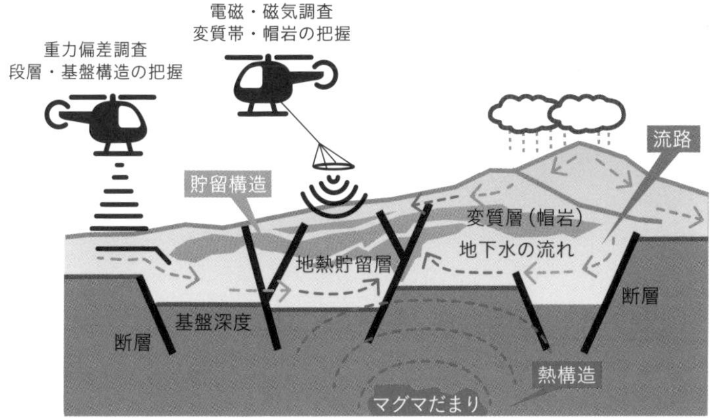

JOGMECの資料をもとに作成

支援内容④ JOGMECが取り組む技術開発

JOGMEC自身も地熱開発に役立つ技術の開発を行っています。開発している技術は主に3つ。地下の地熱貯留層を探すための「**地熱貯留層探査技術**」、地下の地熱貯留層の状態を正確に把握し、管理する「**地熱貯留層評価・管理技術**」、穴を掘るために必要な「**地熱貯留層掘削技術**」です。

支援内容⑤ 地熱資源に関する情報の収集と提供

資金面や技術面の支援だけでなく、情報面での支援も行われています。主な情報支援は以下の通りです。

・地熱資源の調査結果や技術の最新動向など、地熱資源開発に有用な**情報の収集と提供**
・地熱シンポジウムなど地熱資源開発に関する**理解促進活動**

このように政府機関による積極的な支援活動によって、民間企業が開発しやすい条件がどんどん整ってきています。

地熱資源が多い国立・国定公園内でも開発が可能に!

日本で進むエネルギー政策の見直し

前にも述べましたが、日本の地熱資源は8割が国立公園など内に存在しており、これまでは自然の景観を損なうとして政府により法規制がかけられ、開発が抑制されてきました。

その状況が戦後長らく続きましたが、2011年の東日本大震災以降にエネルギー政策が見直され、地熱発電の法規制緩和は急速に進んでいます。現状、日本国内の地熱資源の**70％以上が開発可能な状況**になりました。その流れを時系列で見ていきましょう！

2011年以降の国立・国定公園内での地熱開発規制緩和

2011年

東日本大震災が発生し、規制緩和が進みました。

2012年

「**国立国定公園の自然環境保全上重要な地域、および公園利用者への影響が大きな地域では原則として認めない**」としながらも、「**自然環境の保全や公園利用に支障がない場合、地熱開発の行為が小規模な場合、地域の関係者による合意形成が図られている場合などは、第２種第３種の特別地域と普通地域での開発を認める**」方針が出されました。これは、「基本的に国立公園内での開発はダメだけど、自然に影響が出なかったり、地域の人が許可しているなら、規制が緩い地域で開発していいよ」ということです。国立公園の分類は以下の通りで、「特別保護地区」と「第１種特別地域」以外では条件つきで開発が認められます。

自然公園内の分類と地熱資源の賦存量

自然公園内の分類	賦存量（単位：万kW）
特別保護地区	700（30％）
特別地域	1030（44％）
第1種	260（11％）
第2種	250（11％）
第3種	520（22％）
普通地域	110（5％）
自然公園外	500（21％）
合計	2340（100％）

JOGMECの資料をもとに作成

2015年

第１種特別地域においても、区域の外側から斜めに掘削をすれば開発が可能に。これにより地熱資源の70％が開発可能となりました。

国立・国定公園内での地熱発電の開発状況

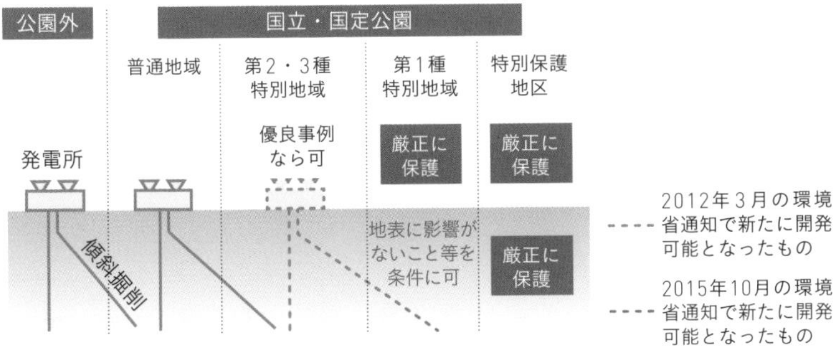

NEDOの資料をもとに作成

2015年

日本地熱協会から政府に対して新たな要望書が提出されました。要望の内容は２つです。１つ目は、特別地域などでは「原則として」開発が認められない規定を、環境に配慮するなどきちんと対策をとった場合には容認するという前向きな規定に変えてほしいという旨です。つまり、2012年に条件つきで開発を認めていた規定を、さらに緩和するよう求めました。２つ目はややこしい図面の提出をやめさせてほしいということ。これまでは調査初期段階で発電所の詳細計画提出が必要でしたが、調査段階に応じた提出としてほしいという要望です。国内の地熱資源の８割は国立・国定公園内にあるため、規制緩和が進めば地熱発電が日本のベースロード電源となる日も近いでしょう。実際に開発の土壌が整い始めていることから、2019年５月には秋田県湯沢市で出力４万6199kWの超大型地熱発電所・山葵沢《わさびざわ》地熱発電所が稼働しました。国内で１万kWを超える地熱発電所が開発されるのは23年ぶりのことです。

2024年末には、鹿児島県霧島市の烏帽子《えぼし》岳北東部で出力4500kWの地熱発電所が稼働予定。さらに2027年には、最大出力１万4990kWの大型地熱発電所が秋田県湯沢市の栗駒国定公園内で稼働することが発表されたよ。ちなみに、国立・国定公園内での開発はここが初めて。地熱発電開発の規制緩和が進んでいることがうかがえるね。

地熱発電の究極系「高温岩体発電とマグマ発電」

高温岩体発電とは?

地熱資源には、さらなる進化系が存在します。その1つが**高温岩体発電**です。高温岩体発電は地下の高温岩体の熱を利用する発電で、高温の岩体に水を注入して人工的に蒸気を発生させて発電します。熱水を求めて地面を掘っても高温なだけで熱い流体が存在しないこともあります。高温岩体発電はそういった場合にも活用できるため、**掘削時点での取り越し苦労が減る**という意義もあります。

深さは25kmほどで、200〜300℃の熱い岩石を使用します。日本には**38GW**※1**以上**の資源量が眠っているとされています。これは**原子力発電所約40基分のエネルギー量**です! 高温岩体発電はアメリカを中心に開発が進んでいます。

※1　GW(ギガワット):100万kW＝1GW

マグマ発電とは?

もう一つのマグマ発電は言ってしまえば、地熱発電の究極系です。地下のマグマだまりを掘り当て、数千℃のマグマだまりから直接蒸気を採取するものになります。マグマそのものからエネルギーを回収するのですからすごいですよね。

マグマの温度は1000℃以上あるため、発電するエネルギー量は莫大です。もし実現すれば余った電力は海外に輸出して儲けることも可能ですが、実用化はまだ先のこと。地質の基礎データや技術が整い、高温岩体発電が実用化した後の2050年頃になると考えられています。日本のエネルギー自給率が数百%の未来も夢ではありません。

マグマ発電の仕組み

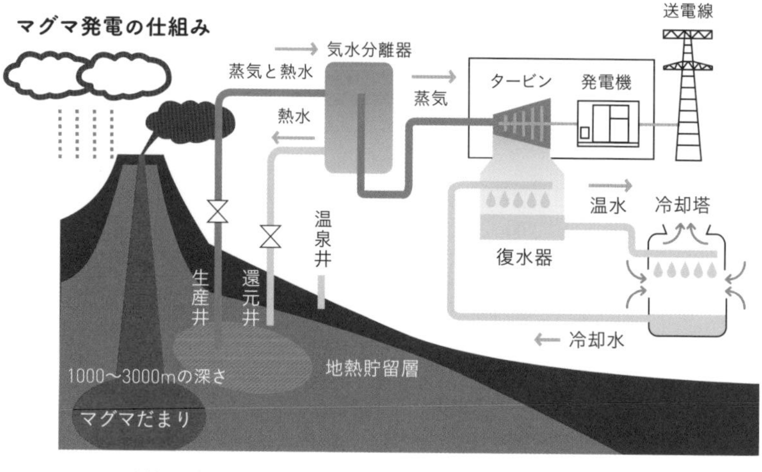

JOGMECの資料をもとに作成

Chapter 12

人類をエネルギー不足から解放! 日本が主導する「核融合発電」の話

ここまでは自然現象による日本の強みの紹介ばかりだったけれど、実は技術力という面でも日本が優位性を持つ分野があるんだ。

それは何となく聞いたことがある! 日本は細かい作業や製造業が強いってよく聞くよね。

そうだよ! 日本の得意分野はものづくりなど数えきれないほどあるけれど、今回はエネルギー分野に絞って紹介をしていくよ!

なんかどんどん自信が持てるようになってきた! お願いします!

莫大なエネルギーを獲得できる「核融合発電」

実用化が現実的になった夢の発電法

核融合発電とは、安全性が高いうえに発電量も莫大で、環境汚染がほぼない夢の発電です。どれくらいのエネルギー量かというと、たった1gの燃料で火力発電の石油8t分に相当します。現在は開発中の核融合発電ですが、実用化すれば人類は無限のエネルギーを獲得できると言われており、まさに脱炭素やエネルギー安全保障の切り札となる究極の発電法です。

核融合発電は近年開発が急速に進み、実用化が現実的になっています。エネルギー貧国と言われていた日本が無限のエネルギーを獲得し、技術も輸出して経済的にも潤うなんていう未来が来るかもしれません。

核融合炉のイメージ図

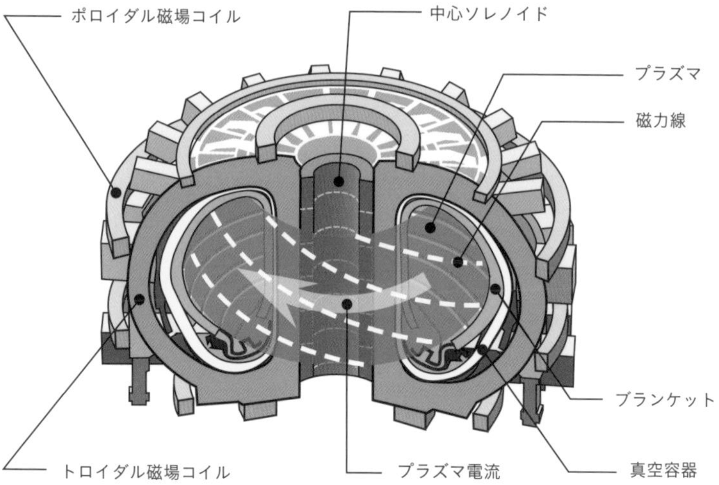

応用物理学会の資料をもとに作成

核融合発電の仕組みを知ろう

無限に存在する物質で発電できる

核融合発電はどのように発電をするのでしょうか。その仕組みは「重水素」や「三重水素」などの物質を１億℃で加熱すると、それぞれの物質の核がくっつき（核融合反応を起こし）、莫大なエネルギーを放出するというもの。発電に使う重水素と三重水素は海水に無限に存在していて、三重水素はリチウムから作ることもできます。ちなみに、太陽も核融合を行っていることから、核融合発電は地上の太陽と言われています。

核融合反応の仕組み

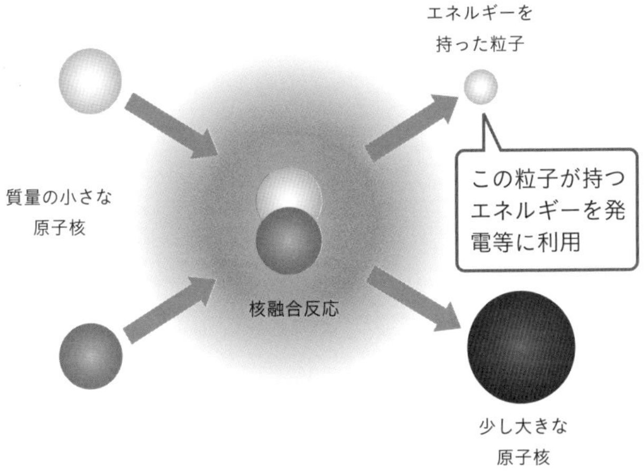

文部科学省の資料をもとに作成

核融合発電の2つの方式

磁力閉じ込め方式と慣性閉じ込め方式

核融合発電には2つの方式が存在します。「磁力閉じ込め方式」と、「慣性閉じ込め方式」です。

簡単に説明すると、磁力閉じ込め方式は磁場の中にプラズマを閉じ込めて発電をする方式。プラズマにレーザーを当て、温度を徐々に1億℃まで上げて核融合反応を起こし発電します。

もう一つの慣性閉じ込め方式は、すごく小さな燃料の球に四方八方からレーザーを当てて一瞬で1億℃まで温度を上げて核融合反応を起こし発電する方式です。

磁力閉じ込め方式のイメージ図

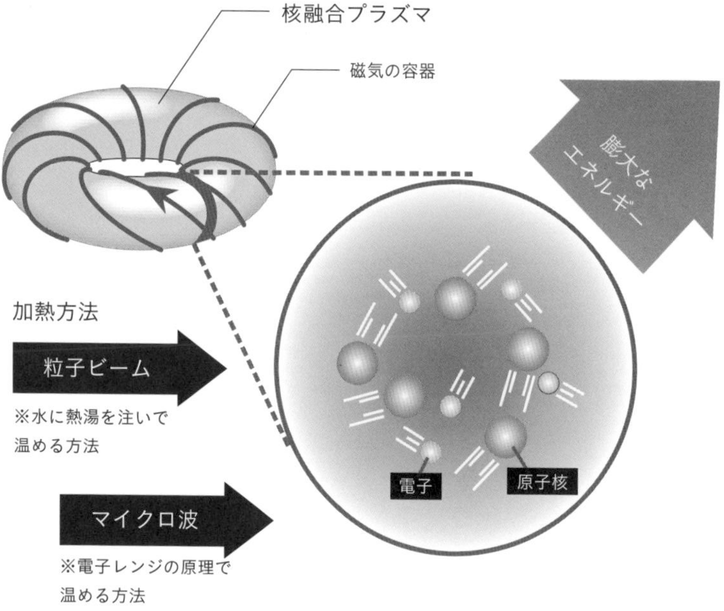

文部科学省の資料をもとに作成

核融合発電のメリット

核融合発電が夢の発電と言われるのは、そのメリットの多さに起因しています。
どのようなメリットがあるのか、一つずつ見ていきましょう！
▼

メリット ① 発電するエネルギー量が莫大

冒頭でも触れましたが、核融合によって発生するエネルギー量はすさまじく、燃料1gで石油8t分に相当します。通常の原子同士の化学反応と比べると**100万倍のエネルギー量**です。これは一般家庭の**約10年分のエネルギー使用量**に相当します。ウランの核分裂では燃料1gあたり石油1.8t分ですから、発電量が大きいと言われる**原子力発電の4倍以上**もあります。

メリット ② 安全性が高い

核融合発電は発電による廃棄物が少なく、低レベルの廃棄物、つまり汚染度の低いものしか出しません。原子力発電では高レベル廃棄物が出ますから、それと比較すると桁違いに安全なんです。唯一、**高ベータ・ガンマ廃棄物という放射性廃棄物の濃度が高くなっています**。この放射性廃棄物についても原発に比べると非常に処理が簡単です。原発の高レベル廃棄物は処理に10万年を要しますが、核融合発電は5年で汚染度が半分になり、**100年で100万分の1**になります。1000分の1の時間です。

核融合発電の人体に対する毒性指数

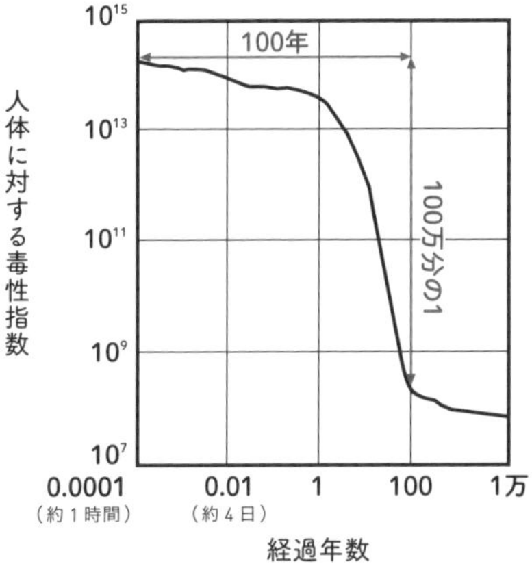

国際環境経済研究所の資料をもとに作成

メリット ③ 爆発の危険性がない

先ほどの安全性の部分と似ていますが、核融合炉は原子炉のように**爆発して事故につながることがありません**。なぜなら、核融合発電は燃える分だけの燃料を供給しながら稼働しており、**燃料の供給が止まれば装置も停止**するからです。そして、プラズマが冷えて核融合反応が止まってしまいます。

さらに、**水素爆発を起こす心配もありません**。水素爆発は、水素などを一瞬で1億℃まで上昇させることで起こります。しかし、核融合炉では、レーザーを当てて徐々に1億℃に到達させるので爆発が起こりません。このように他の発電と比べて**圧倒的なエネルギー量のわりに、超安全な発電方法**なんですね。

メリット ④ 環境に優しい

核融合発電では化石燃料を使わないので、**CO_2が排出されません**。原子力や火力などの既存の発電はもちろん、再生可能エネルギーでさえCO_2を排出します。莫大なエネルギー量と環境への優しさを両立した、まさにこれからの時代に世界中から求められるエネルギーですね。

メリット ⑤ 資源の枯渇問題に有効

「核融合発電の仕組み」で説明したように、核融合発電に必要な重水素や三重水素は、水中に無限に存在しています。重水素は海水に0.015%しか含まれていないものの、ほぼ100％まで濃縮して取り出す**GS法**という技術があります。濃縮後に重水素を取り出すことで、**6600倍もの効率化が可能**です。その他にも、カナダの重水素製造装置を使えば、年間800tもの重水素を製造できます。これは**100万kW級の核融合炉100基を100年間**稼働させることができる量です。

三重水素はリチウムから作り出すことが可能です。リチウムは、海水中に2330億tも眠っており、これを核融合発電に使用した場合、**全人類の７万年分**のエネルギーを生み出せます。原子力発電にはウランが必要なため、日本は海外から輸入していますが、このように**海水から簡単に材料が手に入れば輸入の必要性もなくなる**でしょう。海洋国家の日本にとっては、かなり喜ばしいメリットです。

核融合発電のデメリット

ここまでは主なメリットを挙げてきましたが、
やはりいいことだけではありません。
続いて、実用化に向けた課題やデメリットについても見ていきましょう！

▼

デメリット① 莫大な設備コスト

核融合反応を起こすためには、超高温・超真空の状態を作り出す必要があります。そのためには、莫大な設備が必要です。現に日本にある試験設備は、高さ7.5mもあります。

内閣府が発行した核融合に関する報告書によると、発電設備の建設コストは4900億円で7.6円/kWhとされています。しかし、設計を工夫してコストダウンすれば、5.4円/kWhまで下げることが可能と試算されています。ここまでコストダウンできれば、現在実用化されているあらゆる発電方式と比較しても遜色はありません。

デメリット② 核という言葉の印象が悪い

ものすごく安全な発電設備でも、「核」という文言が含まれているため原子力発電と同様の悪い印象が強く、地域住民の反対が予想されます。スムーズに建設を進めるには、核融合発電の安全性について、早い段階で周知を進めていく必要があります。

核融合発電はすごく安全なのに、『核』というマイナスイメージの言葉が一人歩きしている状態なんだね。今後も根気強い周知活動が欠かせないんだ。

デメリット③ 低レベル放射性廃棄物の発生

メリットのところでも少し触れましたが、低レベルの放射性廃棄物と高ベータの廃棄物（放射線）が発生します。高ベータ・ガンマ廃棄物は原発よりもかなり量が多く、30年で200ｔも排出する原発の22倍以上で、4500ｔも排出されます。放射性廃棄物は、30年ごとに50mプール1杯分ほどの保管スペースが必要です。それでも廃棄物全体を見ると原発よりも安全で少ないので、やはり手間はかからないと言えます。

核融合炉からのレベル別放射性廃棄物の量（熱出力160万kW、廃炉から100年後）

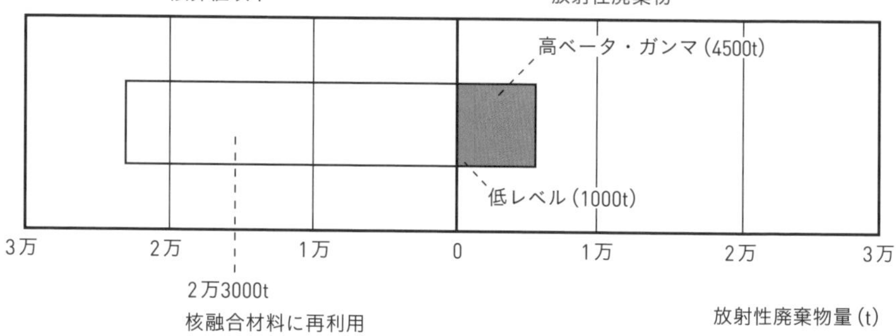

国際環境経済研究所の資料をもとに作成

メリット・デメリットの両方を紹介しましたが、メリットのほうが断然大きいですよね。この夢の発電において、実は**日本が世界のトップランナー**なんです。世界的なプロジェクトに日本が中心となって参画したり、日本が世界最速で核融合発電の実験を行ったりしています。続いては、世界と日本の動きについてです！

国際プロジェクト「イーター計画」

日本が世界的な取り組みに与える好影響

核融合発電の世界的なプロジェクトとして「イーター計画」があります。この計画は、核融合発電を実現するため、日本・EU・アメリカ・インド・韓国・中国・ロシアの国々で核融合発電の共同研究を行うプロジェクトです。研究拠点はフランスにあります。

今、世界中で注目されているイーター計画ですが、**機構長は日本の多田英介氏が2022年5月から務めています**。イーター実験炉の発電方法には、1970年代に日本が世界で初めて実証した「**トカマク炉**」という磁力閉じ込め方式（P.130）の1つが採用されています。

日本が影響を与えている部分はこれだけではありません。世界最大級の9m×16.5mの**超巨大コイルを製作**したり、過去には**プラズマ中の断熱層を発見してイーター建設費用を半分にする提案**をし、結果的に設計の変更を実現したりと、イーター計画にかなり貢献しています。

人類史上初めての核融合実験炉の稼働は2025年からで、2035年から発電の実証が始まります。実証の主な目的は次の通りです。

- 出力するパワーが入力するパワーの10倍以上となる状態を400秒程度維持すること
- 燃焼に必要な工学技術の実証
- 核融合で発生したエネルギーから熱を取り出す試験の実施と、燃料である三重水素の自己補給を行う試験の実施

実験が成功すれば核融合発電の実用化に大きく近づきます。しかし、このプロジェクトよりも先に実験が始まり、世界が大注目している実験炉が他にあります。

核融合実験炉
「ITER」
イーター

出典：国立研究開発法人量子科学技術研究開発機構

日本が主導する世界初の試み「JT-60SA」

日本の技術を結集したプロジェクト

茨城県那珂《なか》市で行われる核融合実験炉「JT-60SA」では、超高温のプラズマを安定して保持するための実験が行われます。もちろん、世界初の試みです。そして、得られた成果は2025年のイーター計画に生かされます。JT-60SAは、2022年中に稼働を開始する予定でしたが、部品の故障により試験を中断しています。このプロジェクトは日本以外にもヨーロッパが出資しており、出資企業の割合を見ると日本企業が100社以上、ヨーロッパ企業が20社程度と、実質的に**日本の技術を結集したプロジェクト**なんです。核融合発電の実現を自転車にたとえると、先ほどのイータープロジェクトが後輪で、このプロジェクトは前輪と言われています。それほどに核融合発電の実用化のために重要なプロセスなんです。

JT-60SA計画の知見はイーター計画にも生かされる

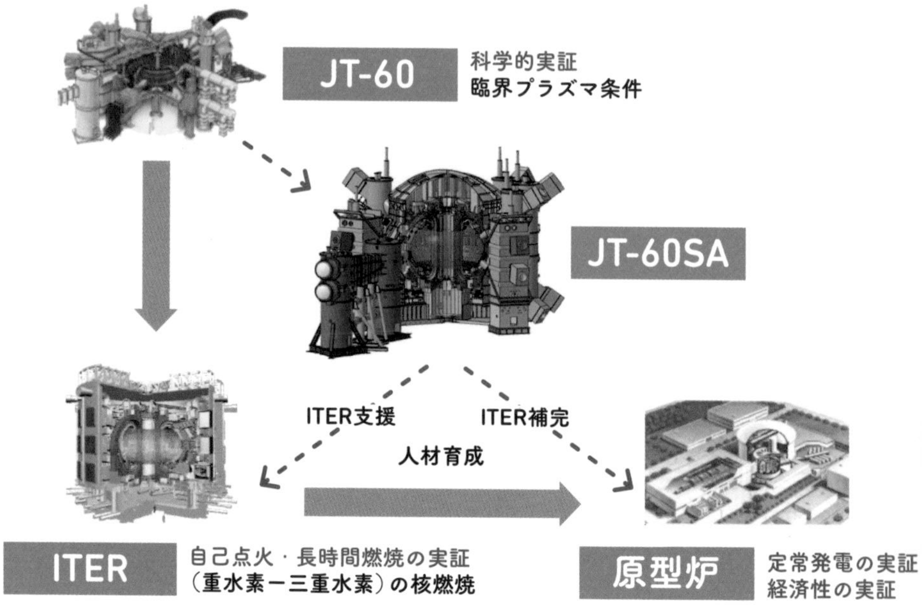

出典：国立研究開発法人量子科学技術研究開発機構

まだまだある！ 日本勢の活躍を見てみよう

なぜ日本は核融合発電に強いのか

日本が世界を主導する取り組みはそれだけではありません。京都大学発のベンチャー企業である「京都フュージョニアリング」も、2022年より世界で初めて核融合試験プラント「UNITY」を建設すると発表しています。完成は2023年３月で、2024年末頃から稼働予定です。

これまで世界では核融合炉の設計・開発が中心に行われてきましたが、UNITYは違います。核融合そのものではなく、核融合でエネルギーを作った後に、どうやって核融合炉からその熱を取り出して発電していくのかという一歩先の検証を行うことを主な目的としています。

京都フュージョニアリングは、これまで日本の研究開発が陥ってきたBtoG（Business to Government）、いわゆる政府の下請けとなっていた構造を脱却し、政府をあてにせず事業として研究開発を行うことを目指しています。海底資源の開発などは政府主導ですが、スピード感がまったくなかったり、必要な予算が十分に割り当てられないケースがあったことなどを考えると、民間企業の京都フュージョニアリングには期待できそうですね。現に京都フュージョニアリングが、20億円の資金調達を実施したというニュースも流れています。

なぜ日本がここまで核融合に強いかと言うと、戦後に核兵器や宇宙ロケットなどの軍事につながる研究を国際社会に禁止される中、核融合やプラズマについては制限をかけられることがなく、自由に研究できたためです。世界が核融合発電の開発を断念する中、日本は開発を継続し、今では世界のトップを走っています。

最近ではアメリカが特に開発に熱を入れており、コモンウェルス・フュージョン・システムズというベンチャー企業が18億ドルもの資金調達に成功しています。また、北海油田枯渇が見えてきたイギリスも、エネルギー安全保障のため開発に積極的になっています。核融合発電は、2030年代に市場規模が１兆円に到達すると言われています。

日本は技術開発でリードしていますから、海外に技術輸出を行い経済的に潤うという未来も考えられます。エネルギーや資源がある国は強いです。日本には無尽蔵の海底資源もありますし、核融合という無限に近いエネルギーでも他国をリードしています。

これらをすべて実用化すれば、エネルギー資源強国となり、国力が復活するチャンスは十分にあります。今後のニュースからも目が離せません。

※イーター計画について詳しく知りたい方は以下の量子科学技術研究開発機構が発行するパンフレットをご参照ください。
漫画でわかりやすく書かれています。
https://www.fusion.qst.go.jp/ITER/comic/page1_1.html

僕のYouTube動画でも
核融合発電についてたくさんの
画像を使って説明しているよ！
より理解が深まるはずだから
見てみてね！

https://youtu.be/KwaCJ765ZLM

Chapter 13

エネルギー輸出大国へ！究極の再エネ「宇宙太陽光発電」の話

日本は再エネ分野では現段階では遅れているんだけど、この先はどうなるかわからないんだ。

え？どういうこと？

実は宇宙太陽光発電というすげー再エネがあるんだ。この分野で日本は世界をリードしている。

そうなの!? すげー！

そしたら、日本の隠れた切り札「宇宙太陽光発電」について見ていくよ！

宇宙からエネルギーを得る「宇宙太陽光発電」

宇宙に巨大なパネルを浮かべて発電!?

宇宙太陽光発電は、究極の太陽光発電です。太陽光発電では地上にパネルを設置して発電をしますが、宇宙太陽光発電は上空３万6000km（3600万m）の宇宙空間に２km四方の巨大なパネルを浮かべて太陽光発電を行います。発電した電力はマイクロ波や赤外線のような光エネルギーに変換して、地上に設置した巨大なアンテナに照射します。地上のアンテナで受け取った光エネルギーを再び電気エネルギーに変換し、送電ケーブルを通して各地に送ります。

宇宙に太陽光パネルを浮かべてしまうなんて斬新すぎる発想です。まるでSFの世界。この宇宙太陽光発電には、驚くべきメリットがたくさんあります。

宇宙太陽光発電システムのイメージ

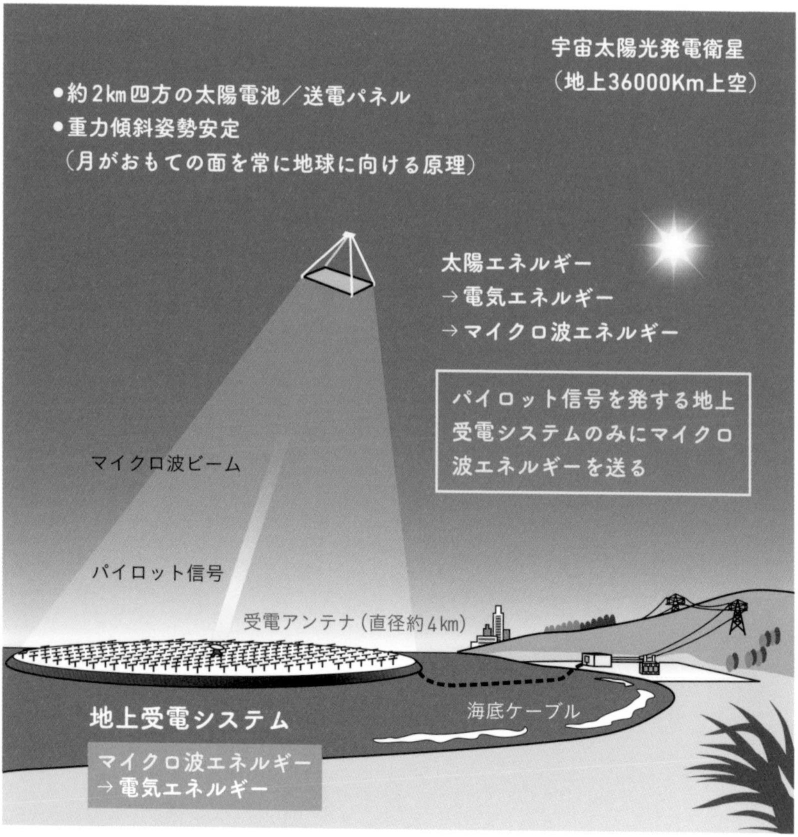

経済産業省の資料をもとに作成

宇宙太陽光発電のメリット

そんな夢のある宇宙太陽光発電ですが、
まずはそのメリットを見ていきましょう！
▼

メリット ① 発電量が膨大！

宇宙太陽光発電の発電衛星１基分の発電量は100万kWに及びます。これは原子力発電所１基分に相当するエネルギー量です。この電力を地上の太陽光発電で賄おうとすると、58㎢もパネルを敷きつめる必要があります。これは山手線の内側全部（63㎢）と同じくらいの面積です。ちなみに西之島で言うと14.5個分。宇宙太陽光発電は、とんでもない発電量ですよね。

メリット ② 24時間365日、安定供給が可能

宇宙太陽光発電は安定性も抜群です。

通常の太陽光発電は夜間に発電ができず、天候にも左右されます。発電量は曇りの日が晴れの日のおよそ半分、雨の日は４分の１以下に減少してしまいます。また、雪が多く降る地域では冬に発電量が減少したり、強風でパネルが吹き飛ばされてしまうなどの欠点があります。

一方で、宇宙太陽光発電にはこのようなデメリットがありません。宇宙にパネルを浮かべているため、天候に左右されることなく発電が可能ですし、地上の天気が悪くても送電に使うマイクロ波は雲を透過するので関係ありません。また、宇宙で受電しますから夜間でも発電が可能です。このため、地上の太陽光発電と比べると発電効率も５～10倍となっています。

天候別太陽光発電の発電量

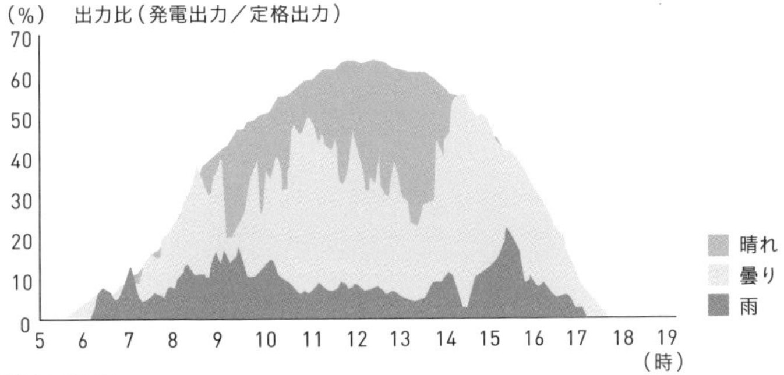

経済産業省の資料をもとに作成

メリット③ 他国の政情不安や価格変動の影響を受けない

宇宙太陽光発電は燃料が不要なため、他国の政情不安や価格変動の影響を受けないという点でも安定しています。建設費用は衛星１基あたり１兆2436億円と決して割安ではありませんが、発電コストは8.5円／kWhと他の発電よりも安価です。これは石油火力発電の３分の１で、液化天然ガス発電の３分の２です。作るのはコストがかかりますが、一度できてしまえば天候や政情不安に左右されず、安定した運用が可能です。まさに地熱発電のようなベースロード電源です。

メリット④ 世界中に電力輸出が可能

宇宙太陽光発電で作った電気はマイクロ波を使って地上に送電します。この送電の性能を上げる「フェーズドアレイ」という技術を日本が開発・活用しています。この技術により人工衛星を動かすことなくマイクロ波を送信する角度を一瞬で調整し、精確な場所に送ることができます。電力受信設備さえあれば地上のどこにでも送電でき、各国の要請により一瞬で売電が可能です。

この技術は日本をエネルギー大国にする可能性を秘めています。人工衛星の建設に費用がかかっても瞬時に外国に電力を販売することで、かかったコストを回収していくことができるでしょう。

メリット⑤ 環境に優しい

宇宙太陽光発電は脱炭素を目指す上でも重要です。火力発電などと違い、発電時にCO_2を排出しません。CO_2は建設時に11〜20g／kWhほど排出されるだけです。これは石油火力発電（従来型）運用時の約46分の１、石炭火力発電（従来型）運用時の約56分の１という、とてつもなく少ない量です。各国がCO_2の排出規制を行うこれからの時代、世界中から需要のある技術となりそうです。

燃料種ごとのCO_2排出係数

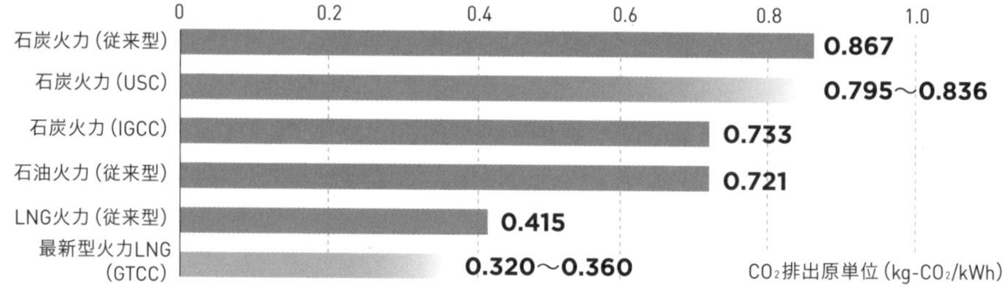

環境省の資料をもとに作成

宇宙太陽光発電のデメリット

ここまでメリットに焦点を当てて見てきましたが、
もちろん宇宙太陽光発電も万能ではないので、デメリットも存在します。
続いては主な3つのデメリットについても見ていきましょう！
▼

デメリット ① 技術開発のコストが大きい

宇宙空間に浮かべる巨大な衛星を作る技術、人工衛星のメンテナンスの技術など、技術的な課題が山積しています。宇宙太陽光発電に使用する人工衛星は巨大で、太陽光パネルの大きさは2㎞四方になります。これは国際宇宙ステーションの500倍以上の大きさです。また、衛星の重さは1万tに及びます。

現在のロケット技術では1回に打ち上げられる重量は16.5tであるため、600回もロケットを飛ばさなければならず、今後はより大型化していく必要があります。

デメリット ② マイクロ波やレーザーが人体に及ぼす影響について配慮が必要

当然と言えば当然ですが、宇宙太陽光発電のマイクロ波やレーザーが及ぼす影響については考慮が必要です。例えば、マイクロ波の場合は心臓ペースメーカーや植え込みの医療機器の誤作動を起こす可能性がありますし、レーザー送電を行う場合には視力に影響を及ぼさないようにする必要があります。そのため、照射範囲を立入禁止にしたり、航空機の航路をずらすといった対策が必要です。

デメリット ③ 宇宙ゴミ衝突のリスク

宇宙の軌道上には、さまざまな大きさのロケットの破片などが、時速2万5000㎞以上（秒速7～8㎞）の高速で飛んでいます。宇宙太陽光発電が運用される軌道上ではほとんどの物体が同じ速度で同じ方向に移動するため衝突のリスクは低いのですが、実験のために低軌道に打ち上げる場合は衝突のリスクがあり、たとえ宇宙ゴミが1gの大きさでも太陽光パネルに衝突すると、穴が空いてしまいます。

そんな中、2021年に、日本のベンチャー企業アストロスケールが世界で初めて宇宙ゴミ回収のための衛星を打ち上げ、宇宙ゴミ除去技術のテストを行いました。また、2022年には宇宙ゴミと誘導接近することに成功しています。この分野でも日本は世界をリードしています。

日本と世界の研究の最前線を追う！

正確に電力を送るための技術開発

日本では2006年から宇宙太陽光発電の実用化に向けた実験計画が開始しています。特に、高精度なマイクロ波制御技術では研究が進んでいます。

先ほど太陽光はマイクロ波に変換して地上に送ると紹介しましたが、地上に届く際に空気などの影響でマイクロ波が曲がってしまうことがあります。地上のアンテナに照射をするためには誤差が0.001度以下の正確さが必要になります。これは4㎞離れた場所から富士山の頂上にある0.4㎜の針穴を狙うようなものです。空気の影響があったときでも正確な位置に照射するため、地表から目印となるパイロット信号というものを発射します。これにより狙った場所に正確にマイクロ波を照射することが可能となるのです。

日本の強みはこれだけにとどまりません。「フェーズドアレイ」という技術を用いて発信器を動かさずにマイクロ波ビームの方向を自由に変えることが可能です。この技術により正確な目標地点に電力を送ることが可能となっています。

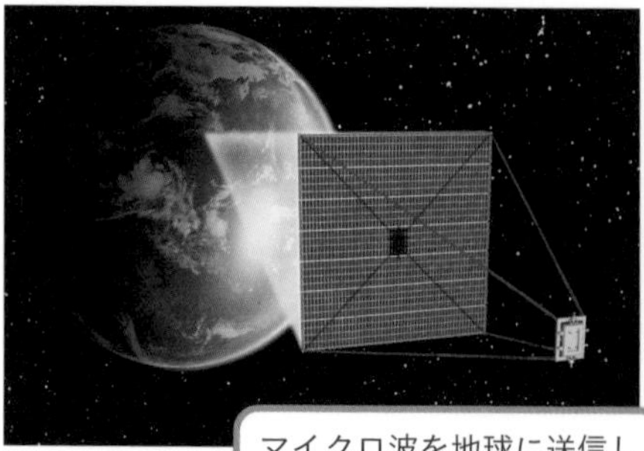

出典：JAXA

マイクロ波を地球に送信しているイメージ図。

2011年～2013年に行われた実験

ここに至るまでに何度も実験を行ってきました。2011年～2013年には、JAXA（宇宙航空研究開発機構）が宮城県の角《かく》田《だ》宇宙センターで、水平距離500mで10kWのマイクロ波ビームの送電実験とレーザー伝送制御実験を行っています。

出典：JAXA

レーザー送電実験の様子。

2014年〜2018年に行われた実験

2014年〜2018年には、同じくJAXAが高さ200mのエレベーター研究塔の頂上から、350Wのマイクロ波ビームの方向を制御する実験を実施し、成功しています。

上下方向へのレーザー伝送実験

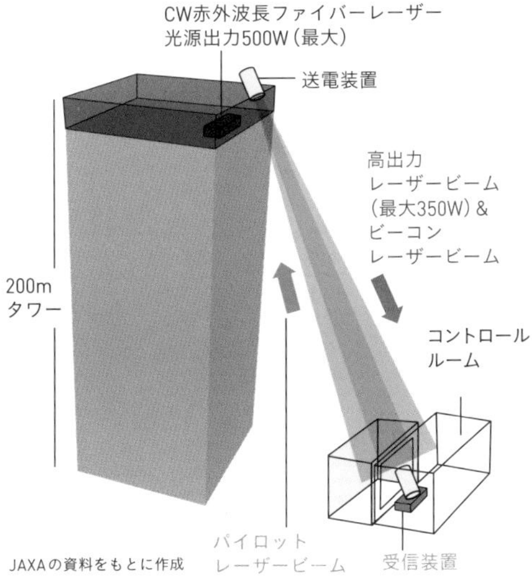

JAXAの資料をもとに作成

2021年の実験と世界の開発状況

2021年には筑波大学で世界初、5G回線のマイクロ波を使い、飛行中ドローンのワイヤレス充電に成功しています。今後はさらに効率を高めて、長距離のマイクロ波送電を目指しています。

筑波大ではドローンにとどまらず、飛んでいるロケットをマイクロ波で充電することも目指しています。ロケットの質量のうち、95%を占める燃料。ワイヤレス充電が可能になれば、この燃料部分をなくしてより軽量な大容量ロケットの開発可能性が開けてきます。

そして、世界の研究開発状況についても見ていきましょう。日本以外ではアメリカや中国が積極的に開発を進めています。アメリカは2020年5月17日から2022年11月22日の908日間もの間、実験ロケットを打ち上げ、そこには、太陽光をマイクロ波に変換して地上に送信する実験装置が乗せられており、実験が実施されました。

さらに、カリフォルニア工科大学では、小さく折りたためる太陽光パネルを製作し、人工衛星の試作機の打ち上げも予定されています（2022年12月に予定されていたものの、延期）。

中国は2022年11月には実験モジュールの「夢天《むてん》」を打ち上げ、中国独自の宇宙ステーション「天空」がほぼ完成しています。また、中国空間技術研究院（CAST）が、重慶《じゅうけい》に宇宙太陽光発電の研究所を建設中です。

このように、日本だけでなく、世界各国で宇宙太陽光発電の研究開発は急ピッチで進んでいます。

実用化に向けて世界に先駆け日本が主導する

実用化に向けた日本の動きを見ていこう

日本が世界をリードする宇宙太陽光発電。実用化の目途はついているのでしょうか。2022年に内閣府から発行された「宇宙開発戦略推進事務局 宇宙基本計画」によると、2025年頃から宇宙実証実験を開始し、2050年以降に実用化する計画になっています。

現在は、2020年に任務を終了した「こうのとり」の後継機であり、国際宇宙ステーションに物資を届ける無人宇宙補給機HTV-Xの打ち上げ準備中です。また、このHTV-Xの1号機を宇宙実験に利用し、宇宙空間で大型パネルを展開して組み立てる実験を行う予定です。同時に軽量な太陽光パネルの開発も急がれています。

発送電一体型宇宙太陽光発電システム2006モデル研究開発ロードマップ

		地上実証フェーズ			
		2015年	2018年	2023年	2025年
		実証実験（水平） 水平方向 距離50m	**実証実験（垂直）** 垂直方向（下→上） 距離50m 移動体追尾	**長距離実証** ― 垂直方向（上→下） 距離1～5km 送電部軽量化 発送電一体型パネル	宇宙実証の実現性判断 ―
電力系	発電効率			発電効率20% ―	―
電力系	送電部総合効率	送電効率35% →	送電効率40% →	送電効率60% ―	―
電力系	ビーム形成制御技術	ビーム制御精度0.15度	移動した受電部に送電	位相制御技術 ―	―
電力系	受電部総合効率	受動効率42%	受電効率50%	受電効率60% ―	―
構造系	発送電一体型パネル ―	→	発送電一体型パネルの開発 →	発送電一体型パネル 90g/W	―
構造系	構造物の展開、結合・組立技術		大型構造物の展開技術 ―	―	―
構造系	熱構造		モジュール構造技術 ―	―	―
構造系	姿勢維持		熱変形抑制技術 ―	―	―
構造系	保守管理技術		テザー伸展制御技術 ―	―	―
推進系	ランデブードッキング				システム検討
推進系	軌道維持				
推進系	軌道間輸送	大出力電気推進の研究開発			
推進系	大量打ち上げ技術	低コスト打ち上げシステムの研究開発 ―		―	―

	ワイヤレス給電ビジネスの展開
産業分野・宇宙開発への技術応用	・ワイヤレスIoTセンサーへの給電 ・ドローン、ロボット等への給電 ・インフラ点検、防災センサー等への給電 ・携帯電話ワイヤレス給電

一般財団法人宇宙システム開発利用推進機構の資料をもとに作成

膨大な経済効果と雇用を生み出す!?

宇宙太陽光発電の経済波及効果はなんと183兆円、793万人の雇用を生み出すと試算されています。これは世界第3位の経済大国である日本のGDPの3分の1ほどの規模。1つの国家に相当する規模の経済圏が誕生します。これだけ有望な分野で日本がリードしているのですから、今後の動向も非常に楽しみですね。

また何か新しい情報が入りましたら僕のYouTubeチャンネルでも共有させていただきます。

> 宇宙太陽光発電は日本をエネルギー大国にする革命的な発電技術なんだね。興味のある人はYouTube動画も見てみてね！

https://youtu.be/5y_WRalsiq4

宇宙実証フェーズ

2030年	2035年	2040年	2045年	2050年
宇宙実証 超小型衛星 小型衛星		実証プラント	技術の確認	**実用SSPS**
発電効率25% →		発電効率30% →		発電効率35%
受電効率60% →		送電効率70% →		送電効率80%
位相制御技術 →		位相制御技術 →		ビーム制御精度 0.0002度
→		受電効率70% →		受電効率80%
発送電一体型パネル 90g/W →		打ち上げ時のパネル収納の効率化 →		発送電一体型パネル 10g/W
→		モジュール構造の軌道上 展開・組立 →		実用SSPS建設
→		テザー軌道上自動伸展制御 →		姿勢維持
→		重力傾斜姿勢安定技術 →		保守管理
→		軌道上での自律部品交換 →		軌道維持
	軌道上でのランデブードッキング			
テザー構造物の軌道維持制御				
	軌道間輸送機の研究開発 →			軌道間輸送機 RLV 0.1億円/t
→	打ち上げコストの低減			

宇宙技術の発展　**宇宙産業の発展**

- 災害等緊急時のバックアップ給電
- 離島僻地給電、洋上風力発電の送電
- 合成開口レーダー
- 成層圏通信プラットフォームへの給電
- 宇宙用大型通信アンテナ制御
- 衛星から地上センサーへの給電
- 大型構造物構築技術適用の静止降水レーダー
- 多目的スペースタグ
- 低価格宇宙旅行
- 将来型宇宙ステーション等の大型構造物の構築

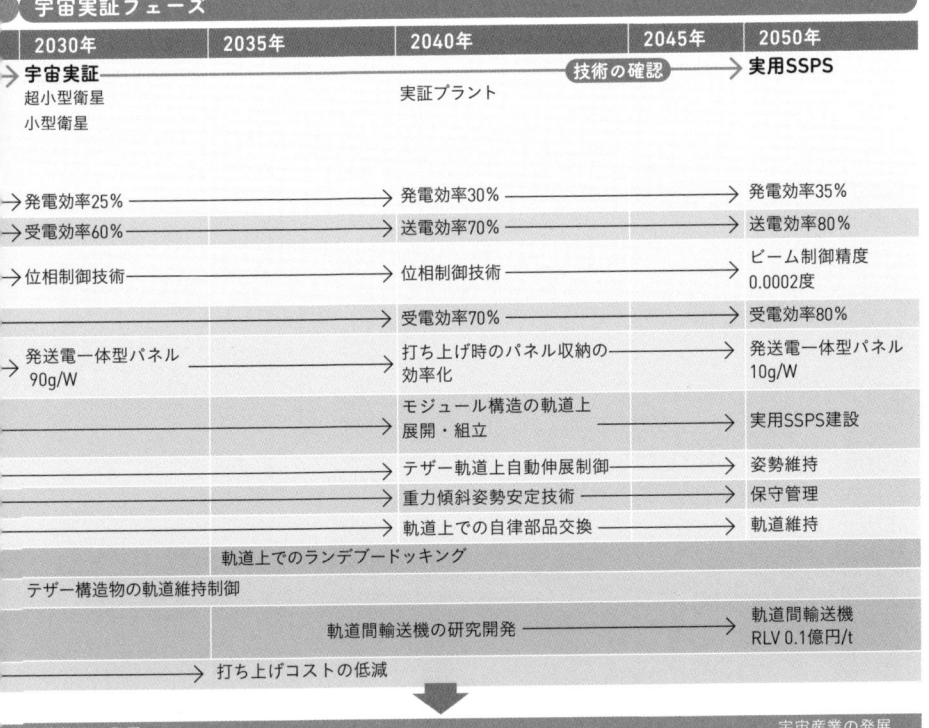

おわりに

最後まで本書に目を通していただきありがとうございました。
本書で紹介した明るいニュースはいかがでしたでしょうか。

「どうして日本人てこんなに自信がないんだろう?」

小さい頃からずっと不思議に思っていました。全員が全員そうではありませんが、普通に生きているといつの間にか「日本なんて大したことない」という下向きな精神が身についてしまいます。「はじめに」でも述べましたが、僕はバブルが崩壊した後の平成に生まれ、生まれてから経済はずっと下がり調子なので、なおさらです。正直、暗いニュースばかり渦巻く毎日に嫌気がさしていましたが、冷静に考えてみると日本は世界第3位の経済大国だし、地図を見ると海もすごく広い。技術力も高くて勤勉な人が多い。世間で流布されている情報やこれまでの教育は本当なのか? と疑問を抱き始めるようになりました。

「2013年、小笠原諸島の西之島が噴火し、新島が誕生。自然に国土を拡大している」

このニュースを聞いたとき、ワクワクが止まりませんでした。久々に聞いた前向きなニュースだったからです。「暗いニュースで溢《あふ》れかえっている中、この情報をYouTubeで発信すれば、絶対に視聴者は喜ぶのでは?」。そう思い、次の日にはYouTubeチャンネルを開設していました。
そして、実際に動画投稿を始めると再生回数はみるみる上がり、数十万回再生が当たり前になりました。

「やっぱり日本人は明るいニュースに飢えていたんだ」

西之島の情報発信をきっかけにさまざまなニュースを自分で調べるようになりました。大学の論文やニュースサイトから情報を引っ張ってみると、世間には知られていないけど前向きな話題がたくさんありました。海底資源や硫黄島、レアアースや青ヶ島金鉱脈など、普通に生きていたらほとんどの人が知ることのできない情報にスポットライトを当てることができたのはとても嬉しいことでした。

今後も引き続き西之島をはじめとした「等身大の日本の良さ」の情報発信を続けていきます。世は大YouTube時代。競合となるチャンネルも増えましたが、今後もどこよりも詳しくわかりやすい情報発信を続けていきますので、引き続きよろしくお願いいたします。

また、私だけでは見つけきれない情報もたくさんあります。これを見ている企業や公的機関の研究者の方、もしくは一般の方でも構いません。自身の研究や成果を取り上げてほしい、世にもっと広めたいという方がいましたらTwitterでDMを送付してください。審査制にはなりますが、拡散にご協力させていただきます。
https://twitter.com/hitsuji_bright

最後に、日頃から私を支えてくださっているファンの方々に感謝を申し上げます。コメント欄に寄せられる皆様の温かい言葉にはすべて目を通しております。本当に動画投稿の励みになっています。その中でも、忙しくて動画投稿頻度が空いてしまった時も欠かさずコメントをしてくれる濃いファンの方々には特に支えられています。ありがとうございます。これからも視聴者の方々に価値ある動画投稿ができるよう邁進《まいしん》していきます。

おわりに

さらに、この本の執筆に協力してくださった出版社の方々、担当の金子さんにも感謝しております。このような集大成となる素晴らしい作品は出版社様の協力がなければ出来上がりませんでした。
そして、普段から私のことを支えてくれる家族や友人にも感謝しています。これまでの家族の支えがなければこのようなクリエイティブな活動を自由に続けることは不可能でした。両親や兄弟の寛大な心に感謝しています。

この本の締めくくりに、次の言葉を読者の皆様に贈りたいと思います。

「物事には悪い面があれば、いい面も必ずある」

災害や不景気などマイナス面ばかりが誇張されていますが、悪いことだけというのはあり得ません。それは情報の発信の仕方によるもので、いい面は必ず存在します。
つまり、これだけネガティブな情報が発信されているのであれば、それと同じ分、いいことも存在する。この当たり前の事実に気づくと少し気が楽になりませんか?

今後もそのポジティブな面は私のチャンネルで発信していきますので、引き続きよろしくお願いいたします。

2023年2月
ひつじさん

アートディレクション
細山田光宣
（細山田デザイン事務所）

ブックデザイン
奥山志乃
（細山田デザイン事務所）

イラスト
白井 匠

図版
曽根田栄夫
（ソネタフィニッシュワーク）
思机社

校正
山崎春江

編集
金子拓也

ひつじさん
YouTuber

YouTubeでは地学・資源・エネルギーを中心とした明るいニュースを発信。2019年より西之島の火山情報をYouTubeで最初に取り上げ、現在は登録者11万人超え、総再生回数3000万回を突破。どこよりも詳しく、わかりやすい情報発信を心掛けている。YouTube以外にはTwitterでも積極的に情報発信を行っており、フォロワーは約3万人。明るいニュースchの運営以外にも多数のYouTubeチャンネルの運営、運用代行、コンサルティング業務を行う。本書が初の著書となる。

YouTubeチャンネル
〈ひつじさん【明るいニュース】〉
https://www.youtube.com/@hitsuji_bright

難《むずか》しいことは
わかりませんが、
日本《にほん》の未来《みらい》が明《あか》るくなる
ニュースを教《おし》えてください
地学《ちがく》・資源《しげん》・
エネルギーの
すごい話《はなし》

2023年3月30日　初版発行

著者／ひつじさん
発行者／山下直久
発行／株式会社KADOKAWA
〒102-8177　東京都千代田区富士見2-13-3
電話0570-002-301（ナビダイヤル）
印刷所／凸版印刷株式会社

●お問い合わせ
https://www. kadokawa. co.jp/（「お問い合わせ」へお進みください）
※内容によっては、お答えできない場合があります。
※サポートは日本国内のみとさせていただきます。
※Japanese text only

定価はカバーに表示してあります。

ISBN 978-4-04-606113-3　C0040